Jörg Asmus
Werner Lantermann

Langflügelpapageien

und andere afrikanische Papageien

Arndt-Verlag

Impressum

Dieses Buch ist all jenen gewidmet, die sich aktiv für den Erhalt bedrohter Papageien einsetzen.

Asmus, Jörg
Lantermann, Werner:
Langflügelpapageien
und andere afrikanische Papageien

1. Auflage (2013)
Arndt-Verlag

ISBN 978-3-9814787-6-1

Gesamtgestaltung:

Thomas Arndt

Lektorat:

Walter Weinberger

Druck:

Strube OHG, Felsberg

Bildnachweis:

Aebischer, T., & Hickisch, R. (Chinko-Projekt): 147
Arndt, Th.: 3, 7, 12, 33, 37, 38, 44, 49, 50, 56, 58 links, 62, 63, 64, 66 links, 71, 74, 75, 76, 83, 86, 91, 92, 95, 98, 100, 101, 105, 106, 108, 114, 116, 126 links, 127 rechts, 132, 137, 138, 143, 146, 148, 150 rechts, 151, 153, 154, 155, 156, 158, 159 links, 166, 167
Asmus, J.: 8, 9, 10, 13, 15, 16, 20, 21, 22, 25, 28, 30, 31, 34, 40, 41, 42, 45, 47, 66 rechts. 72, 80, 81, 82, 93, 96, 116, 117 rechts, 118, 133, 149, 159 rechts, 160, 161
Bauernfeind, Prof. E.: 11
Horsfield, W.: 27, 109, 110, 112 beide, 113
Kock, R.: 130
Lambert, K.-H.: 17, 18, 19, 55, 59, 60, 68, 79, 102, 103, 110, 111, 119, 128, 129, 134, 135, 152, 164, 169
Lantermann, W.: 6, 23, 24, 26, 29, 32, 35, 36, 39, 43, 46, 51, 52, 59, 61, 90, 104, 120, 122 beide, 140, 142, 144, 162,
Lagerqvist, M.: 58 rechts, 67 links
Mohr, E.-D.: 84
NCB/Schnitker, H.: 87
Pfeffer, F.: 117 links, 125, 140, 163
Reinschmidt, Dr. M.: 107
Reuleaux, A.: 54, 67 rechts, 69, 70
Rüblinger, H.-J.: 14
Sauer, G.: 73
Seitre, R.: 88, 89, 124
Wagner, K.: 78, 136, 141, 150 links
Weber, A.: 53, 126 rechts, 127 links
ZMB/Arndt, Th.: 146

Titelbilder: Arndt, Th.

rechts: Graupapagei (Psittacus erithacus)

Inhalt

Inhalt

Mohrenkopf-papagei

Diese Art zählt zu den bekanntesten Langflügelpapageien.

Vorwort der Autoren

Vorwort

Die großen afrikanischen Papageien sind zwar – gemessen an denen der artenreichen australischen, indonesischen und südamerikanischen Verbreitungsgebiete – eine zahlenmäßig kleine Gruppe unter den Papageienvögeln, aber den-

Kongopapagei

Jungvogel der Nominatform im Alter von 21 Tagen.

noch besteht seit Jahren ein ungebrochenes oder seit Ende der Wildvogelimporte sogar ein steigendes Interesse für bestimmte Arten bei den Vogelliebhabern und -züchtern. Allerdings können die Motive zur Papageienhaltung von Art zu Art recht unterschiedlich sein.

Kaum ein anderer Papagei hat einen solchen Bekanntheitsgrad erlangt wie der (Kongo-) Graupapagei. Sein Nachahmungstalent wird nach wie vor in zahlreichen Publikationen über alle Maßen gelobt und ist schlichtweg der Inbegriff der papageilichen Intelligenz. Noch vor Jahren zählte diese Art deshalb zu den am häufigsten importierten afrikanischen Papageien weltweit. Aber auch andere afrikanische Papageien gehörten zu den damaligen Importrekordlern und waren sogar in den Zoofachgeschäften relativ günstig zu erwerben. Die Langflügelpapageien haben in der Gegenwart bei vielen Züchtern ein besonderes Interesse geweckt, nämlich sich auch hier in Europa für den Arterhalt dieser reizenden Geschöpfe einzusetzen. Aber auch die schlicht gefärbten Vasapapageien besitzen ihren ganz besonderen Reiz, auf den in dieser Buchveröffentlichung noch hingewiesen wird.

Seit Jahrzehnten beschäftigen auch wir uns nun schon mit den „Afrikanern", wobei der Erhaltungszuchtgedanke stets im Vordergrund unseres Handelns stand. Reisen in die Heimatgebiete dieser Papageien ergaben sich aus dem Interesse an diesen Vögeln; Erfahrungen und Wissen tauschten wir mit anderen aus und sogar Zuchtprojekte sind in dieser Zeit ins Leben gerufen worden, die unter Beteiligung von Wissenschaftlern nun schon seit einigen Jahren bestehen.

Das vorliegende Buch bringt zum einen unsere eigenen Erfahrungen, die sich aus der Haltung dieser Vogelgruppe im Laufe der Jahre ergaben; es soll aber auch auf den aktuellen Stand der wissenschaftlichen Forschung und auf die Situation der verschiedenen Arten in deren Heimatgebieten hinweisen.

Vielleicht weckt dieses Buch schließlich auch Ihr Interesse, sich intensiver mit den größeren Papageien Afrikas näher zu befassen, und eventuell entsteht daraus auch der Wunsch, sich mit Ihren Vögeln im Sinne der Arterhaltung an einem der bestehenden Zuchtprojekte zu beteiligen.

Oberhausen und Güstrow, im Frühjahr 2013

Braunkopfpapagei (Poicephalus crytoxanthus)

Einleitung

In den vergangenen Jahren sind bereits zahlreiche Buchveröffentlichungen über verschiedene Vertreter der afrikanischen Papageienfauna erschienen. So befassten sich die Autoren derartiger Publikationen mitunter sehr ausführlich mit den Gattungen *Agapornis* (Unzertrennliche), *Poicephalus* (Langflügelpapageien) und *Psittacus* (Graupapageien). Die beiden Arten der Gattung *Coracopsis* (Vasapapageien) fanden hingegen kaum Beachtung; sie waren bisher fast immer nur eine Randerscheinung in diesen Veröffentlichungen, obwohl gerade einige für Papageien äußerst ungewöhnliche und darum auch sehr interessante Verhaltensweisen an den Tag legen.

Großer Vasapapagei

Für Vasapapageien wird in Europa ein Zuchtprojekt geführt

Während bei den Unzertrennlichen und den Langflügelpapageien häufig ihre Haltung und Zucht im Vordergrund der Veröffentlichungen standen, waren es bei den Graupapageien auch die Erfahrungen der unterschiedlichen Autoren mit diesen intelligenten Tieren als Stubenvögel. Das Nachahmungstalent der Graupapageien ist seit Jahrzehnten fast schon sprichwörtlich und bewegt viele Papageienliebhaber leider auch in der Gegenwart immer noch zur Anschaffung solch hochsensibler Lebewesen für eine reine Käfighaltung. Graupapageien sind in den meisten Fällen durchaus nach einiger Zeit in der Lage, einige Worte, Geräusche sowie andere Umgebungslaute nachzuahmen; oftmals erweckt der Vogel dann durch den Gebrauch dieser Geräusche den Eindruck, diese Laute auch situationsgerecht einzusetzen und erfreut somit seinen Besitzer, der einen solchen Papagei aus genau diesem Grund erworben hat.

Das Nachahmen dieser Laute erfolgt jedoch häufig aus der Not heraus, denn „sprechenden“ und nachahmenden Vögeln fehlt oftmals ein artgleicher Vogel als Kommunikationspartner. Mit den Jahren entwickeln sich solche Vögel somit nicht selten zu verhaltensauffälligen Tieren. Oft neigen insbesondere Graupapageien dazu, sich infolge solch isolierter Haltung zu Beißern sowie Schreiern zu entwickeln und im schlimmsten Fall beginnen sie damit, sich das Gefieder zu rupfen. Derartige Vögel sind als „Stubenvögel“ in der Regel kaum noch zu vermitteln und finden nicht selten den Weg in eine der Papageienauffangstationen, die manchmal jedoch schon aus Platzmangel keine weiteren Tiere mehr aufnehmen können. Auch für die Zucht sind derartige Vögel kaum noch zu verwenden, da die natürlichen Verhaltensweisen der Paarbildung und Balz zu einem gewissen Teil verloren gegangen zu sein scheinen.

Das Thema der reinen Käfighaltung wird in diesem Buch keine Berücksichtigung finden, da diese aus unserer Sicht für die größeren Papageienarten keine artgemäße Haltungsform darstellt. Auch sollen hier nur die größeren afrikanischen Papageienarten erwähnt werden, weil insbesondere über die Unzertrennlichen in den zurückliegenden Jahren sehr viel geschrieben worden ist.

Auch die afrikanische Form der afro-asiatischen Halsbandsittichs (*Psittacula krameri*) – der einzigen Art der ansonsten asiatischen Edelsittichgattung in Afrika – wird in diesem Buch nicht behandelt, da auch über diese bereits zahlreiche Publikationen sowohl in Buchform als auch in Form von Zeitschriftenartikeln vorliegen.

Aber warum nun ein neues Buch über afrikanische Papageien? Einige der afrikanischen Arten zählen mittlerweile zu den gut erforschten Papageienarten. Insbesondere um den Kappapagei kümmern sich verschiedene südafrikanische Wissenschaftler bereits seit Jahren sehr intensiv, zählt diese Art doch zu den am meisten gefährdeten Spezies des afrikanischen Festlandes. Freilandstudien sind aber auch an anderen Papageienarten Afrikas vorgenommen worden, um ihren Status in den natürlichen Habitaten, aber auch die vielfältigen ökologischen sowie biologischen Aspekte zu erforschen. So sind in den letzten Jahren die Kenntnisse über Braunkopfpapageien (*Poicephalus cryptoxanthus*), Goldbugpapageien (*Poicephalus meyeri*) und Rüppells Papageien (*Poicephalus rueppellii*) im Freiland erfreulicherweise angewachsen. Zudem sind erste Freilandbeobachtungen und Fotos von den äthiopischen Gelbstirnmohrenkopfpapageien (*Poicephalus flavifrons*) gelungen, und die immer noch dramatische Situation des Handels mit Graupapageien beider Arten gelangt immer mehr in den Blick der Öffentlichkeit, wodurch der Druck auf die exportierenden Staaten und Händler ständig wächst.

Federführend bei den genannten Freilandprojekten war in diesem Zusammenhang immer wieder Prof. Mike Perrin, derzeit Direktor des Forschungszentrums für den Schutz afrikanischer Papageien und emeritierter Professor der Fakultät für Biologie- und Naturschutzwissenschaften der südafrikanischen Universität Kwa-Zulu-Natal in Pietermaritzburg. Prof. Perrin hat im Jahr 2013 selbst ein inhaltreiches Buch über die afrikanische Papageienfauna veröffentlicht und unterstützt nach wie vor auch andere Wissenschaftler bei ihrer Forschungsarbeit. Seit einigen Jahren stehen auch die Autoren im stetigen Kontakt mit Prof. Perrin, der im Juli 2012 auch Mitglied im Wissenschaftlichen Beirat der deutschen *Vereinigung für Zucht und Erhaltung einheimischer und fremdländischer Vögel e. V.* (VZE) geworden ist.

Braunkopfpapagei

Diese Art wird gelegentlich gehalten und selten nachgezogen.

Die vorliegende Buchveröffentlichung soll zum einen die neuesten wissenschaftlichen Erkenntnisse der hier behandelten Vogelarten zusammenfassen; des Weiteren sollen aber auch die artgemäße Haltung nach den Vorgaben der Tiergartenbiologie und vor allem der Erhaltungszuchtgedanke den Charakter dieser Publikation prägen. Es wäre sehr erfreulich, wenn sich Leser dieses Buches zu einer Kooperation bewegen ließen und sich mit ihren „Afrikanern" einem der existierenden Erhaltungszuchtprojekte anschlössen. Nur durch eine gut koordinierte Partnervermittlung innerhalb eines großen Tierbestandes können über längere Sicht auch gesunde Populationen einer Spezies in Menschenobhut erhalten bleiben. Nicht immer müssen Wiederauswilde-

rungsvorhaben als oberstes Ziel der Erhaltungszuchtprojekte in Menschenhand gelten. Die meisten der afrikanischen Papageien sind im Freiland nicht extrem bedroht, dass ihren Bestand sofort mit Nachzuchttieren gestärkt werden müsste. Eher sollten momentan die Ursachen der Bestandsrückgänge weiter erforscht und schnellstmöglich beseitigt werden. Erst wenn die Gründe der anhaltenden Bestandsreduzierungen nicht mehr vorhanden sind, können später mit dem notwendigen Know-how eventuell auch einmal Nachzuchttiere wieder in die Wildnis entlassen werden, wenn dies erforderlich werden sollte. Wir müssen darum mit den vorhandenen Individuen verantwortungsvoll umgehen und durch eine vernünftig koordinierte Vermehrung der Arten in hiesigen Volieren für den Erhalt der Wildformen mit einem jeweils bestmöglichen genetischen „Pool" sorgen. Sollten für die eine oder andere Art dann tatsächlich einmal Auswilderungsmaßnahmen nötig werden, können Wissenschaftler auf unseren Bestand zurückgreifen. Die zoologischen Einrichtungen arbeiten bereits seit vielen Jahrzehnten nach diesem Vermehrungsziel, jedoch kann hier allein aus Platzgründen bei den verschiedenen Vogelarten nicht effektiv genug gearbeitet werden. Deshalb sind immer mehr die privaten Züchter gefragt, und bestenfalls entsteht dann auch noch eine Zusammenarbeit von Zoos und Privatleuten.

Mit diesem Buch soll also auch ein Wandel in den Köpfen aller Interessierten eingeleitet werden. Die Erhaltung der Arten muss mehr und mehr in den Vordergrund des züchterischen Handelns treten, die Sammelleidenschaft nach seltenen Papageien oder die Zucht von zahmen Käfigvögeln für die Abnehmer auf den zahlreichen Vogelbörsen zurückgehen.

links: Agaporniden wie das Rußköpfchen (Agapornis nigrigenis) sind eine weitere große Gruppe unter den afrikanischen Papageien

Die Papageien Afrikas

Die afrikanische Papageienfauna im Überblick

Die Ordnung der Papageienvögel (Psittaciformes) wurde in den letzen vier Jahrzehnten mehreren taxonomischen Revisionen unterworfen. Dadurch gab es in der Vergangenheit schwankende Artenzahlen bei den Papageien und Sittichen (zwischen 350 und 380 Arten) und auch erhebliche Unterschiede in der Zuordnung der Arten zu Familien. Mit den heute vielfach angewandten DNA-Untersuchungen steht eine Untersuchungsmethode zur Verfügung, die es erlaubt, zum einen verwandtschaftliche Beziehungen zwischen Arten bzw. Unterarten und zum anderen die nächstverwandten Artengruppen zu ermitteln – auch über die Grenzen der Ordnung der Papageienvögel hinweg. So haben diese Untersuchungen ergeben, dass die Sperlingsvögel (Passeriformes) die nächsten Verwandten der Papageien sind und nicht, wie bislang immer angenommen, die Kuckucks-, Specht- und Taubenvögel.

Nach der aktuellen World Bird List des Internationalen Ornithologischen Komitees (Gill & Donsker 2012) werden bei den Papageien und Sittichen gegenwärtig 374 Arten unterschieden, die sich in die Familien Strigopidae (Nestorpapageien, Eulenpapagei, 3 Arten), Cacatuidae (Kakadus, einschließlich des Nymphensittichs, 21 Arten) und Psittacidae (Eigentliche Papageien, 350 Arten) aufgliedern. Die gegenüber früheren Ansätzen höhere Artenzahl resultiert vor allem daraus, dass aufgrund der genetischen Untersuchungen viele bislang als Unterarten geführte Formen in den Rang eigener Arten erhoben werden mussten.

In Afrika einschließlich der Insel Madagaskar sind nur 24 dieser 374 Papageienarten verbreitet, die allesamt der Familie Psittacidae zugeordnet werden. Sie gliedern sich in fünf Gattungen ganz unterschiedlicher Papageienformen. Zunächst sind hier die neun Arten der Unzertrennlichen (*Agapornis* spec.) und der Halsbandsittich (*Psittacula krameri*) aus der Gruppe der Edelsittiche zu nennen. Beide gehören nicht zu den „Großpapageien“ und sind somit nicht Gegenstand dieses Buches. Sie sind aber anderenorts vielfach bearbeitet und beschrieben worden (siehe Literaturverzeichnis).

Im Mittelpunkt dieses Buches stehen die Gattungen *Poicephalus* (Langflügelpapageien), die mit zehn Arten die größte Gruppe der afrikanischen Papageien bilden, sowie die Gattungen *Psittacus* (Graupapageien) mit zwei Arten und *Coracopsis* (Vasapapageien) ebenfalls mit zwei Arten. Letztere sind ausschließlich auf der Insel Madagaskar, den Komoren und den Seychellen-Inseln Praslin sowie Curieuse verbreitet.

Gemessen an den Verbreitungszentren der Papageienvögel in Australien/Ozeanien (mit etwa 160 Arten) und Süd- und Mittelamerika (ebenfalls etwa 160 Arten) ist die Papageienfauna Afrikas und Madagaskars relativ artenarm – ähnlich wie die asiatische Papageienfauna, die mit Edelsittichen und Fledermauspapageien nur etwa 30 Ar-

Der Réunionsittich

(Mascarinus mascarinus) ist ausgestorben. Lediglich zwei Museumsbälge existieren noch als Beweis seiner Existenz. Hier das teilalbinotische Exemplare aus dem Naturhistorischen Museum in Wien.

ten umfasst. Auf dem afrikanischen Festland sind 21 Arten heimisch, davon 20 endemisch (lediglich der Halsbandsittich kommt außerhalb Afrikas noch in Asien und Europa vor), auf Madagaskar sind drei endemisch (das Grauköpfchen *Agapornis canus* und die beiden Vasapapageien-Arten).

Afrikanischer Halsbandsittich

Die einzige in Afrika lebende Sittichart.

Mindestens drei ausgestorbene Arten sind darüber hinaus im afrikanisch-asiatischen Verbreitungsraum zu verzeichnen, nämlich der Réunion-Sittich (*Mascarinus mascarinus*), Seychellensittich (*Psittacula wardi*) und Rodriguezsittich (*Psittacula exsul*) von den Afrika vorgelagerten Inseln Réunion, Rodriguez und den Seychellen im Indischen Ozean.

Warum haben ursprünglich nur 27 Arten (oder etwa 7 % der weltweiten Papageienfauna) den „Sprung" nach Afrika oder Madagaskar geschafft? Dafür haben auch Wissenschaftler nur unzureichende und zum Teil widersprüchliche Erklärungen. Eine davon ist, dass die Papageien aus ihrem ursprünglichen Entstehungszentrum im pazifisch-australischen Raum im Laufe größerer plattentektonischer Veränderungen der Erdoberfläche vor mehr als 35 Millionen Jahren nach Afrika, Asien und Südamerika ausgewandert sind. Die Gebirge auf dem afrikanischen Kontinent waren zu diesem Zeitpunkt schon großenteils vorhanden und somit hatten bei Einwanderung der Papageien dort schon wichtige Lebensraumveränderungen stattgefunden, während in Südamerika z. B. die spätere Auffaltung der Andenkette neue ökologische Nischen und damit viele neue Arten entstehen ließ. Die topographischen Unterschiede in Afrika sind dagegen weniger ausgeprägt als in Südamerika. Zudem herrscht in vielen Landstrichen enorme Trockenheit und ein Mangel an fruchttragenden Bäumen – beides hat mit großer Wahrscheinlichkeit die Artbildung beeinflusst. Hinzu kommt, dass Afrika in der Zeit des Pleistozäns mehrfachen ökologischen Veränderungen ausgesetzt war, die tiefgreifende Einflüsse auf den Gang des Evolutionsprozesses in Verbindung mit einer hohen Aussterberate hatten. Während manche Vogelgruppen in recht großer Artenzahl vertreten sind, haben sich auf dem afrikanischen Festland bei den Papageien nur zwei größere Artengruppen, nämlich die Agaporniden mit neun, die Langflügelpapageien mit zehn Arten sowie die Graupapageien mit zwei Arten entwickeln und bis zur Gegenwart erhalten können (Collar 1997).

Verbreitung und Lebensräume

Die Landschaftsformen Afrikas bestehen für die meisten Menschen überwiegend aus Wüste, Regenwald und Savanne. In Afrika gibt es aber noch weitere, sehr oft gegensätzliche Landschaften, und auch das Klima dieses Kontinents ist nicht immer heiß und trocken.

Im Norden bietet die Sahara für Papageien keine geeigneten Habitate zum Leben. Südlich dieser lebensfeindlichen Wüste beginnt die Sahelzone, in der vor allem Dorngewächse, Sträucher und einzelne Bäume als Pflanzen vorherrschen. Gräser wachsen nur während der Feuchtperiode und sterben zu Beginn der Trockenzeit wieder ab. In

Verbreitung und Lebensräume

Kiang-West-Nationalpark in Gambia

Lebensraum der Mohrenkopfpapageien.

diesem Lebensraum trifft man mit etwas Glück bereits auf die erste afrikanische Papageienart, den Mohrenkopfpapagei (*Poicephalus senegalus*). Diese Papageien sind Bewohner offener Landstriche; bevorzugt leben sie in Baum- und Strauchsavannen. Überbevölkerung, Überweidung und die Absenkung des Grundwasserspiegels haben das ökologische Gleichgewicht der Savannenlandschaft des Sahel jedoch negativ beeinflusst. So kommt es dort zu Habitatverlusten für den Mohrenkopfpapagei. Durch den Grundwasserverlust sterben die Bäume und Büsche ab und der Boden trocknet aus. Seit den 1970er Jahren ist so ein etwa 100 km breiter Streifen des Sahel Teil der Wüste geworden.

Die Sudanregion schließt sich südlich der Sahelzone an. Dieses Gebiet bildet eine Übergangszone zwischen der Trockenzone im Norden und den im Süden angrenzenden Regenwaldgebieten und wird von Bergzügen in drei Becken gegliedert. Als vorherrschende Vegetationsform in diesem Teil Afrikas kann die Savanne (Trockensavanne mit Hochgras und Feuchtsavanne) genannt werden. Die Wuchshöhe der Gräser in diesem Gebiet hängt von der Niederschlagsmenge ab. Auch hier ist der Mohrenkopfpapagei verbreitet, ebenso leben die Goldbugpapageien (*Poicephalus meyeri*) und die wenig erforschten Niam-Niam-Papageien (*Poicephalus crassus*) in diesen Habitaten. Letztere sollen sich dort auch hin und wieder in Galeriewäldern aufhalten. Hohe Temperaturen und die besonders in den südlichen Teilen dieser Regionen vorkommenden Regenzeiten kennzeichnen dort das tropische Klima.

Die Guinea-Kongo-Region ist geprägt von Regenwaldgebieten, die sich über die Zone Oberguinea im Westen des Kontinents und dem Kongobecken Zentralafrikas ausdehnen. Diese immergrünen und halbimmergrünen Feuchtwälder beherbergten im Lauf ihrer Entstehungsgeschichte eine Vielzahl von unterschiedlichen Lebensformen und zeichnen sich immer noch

Verbreitung und Lebensräume

Vegetationsform in Tansania

– hier leben Goldbug- und Rotbauchpapageien.

durch einen enormen Artenreichtum aus. Nicht alle Pflanzen- und Tierarten sind in den Regenwäldern Afrikas bereits entdeckt und wissenschaftlich beschrieben worden. Erst kürzlich fanden US-amerikanische und kongolesische Forscher im Kongo eine bis dahin unbekannte Affenart (Gershon 2012). Die Primärwälder erreichen eine mittlere Höhe von 30 m (Hauptkronenschicht); die größten Bäume können bis zu 40 m hoch werden. Der dichte Regenwald existiert meist nur entlang den Flüssen und Wegen und bildet so einen mikroklimatischen Unterschied zum schattigen Inneren des Waldes. Die Regenwaldzone bietet ihren Bewohnern ganzjährig eine Fülle an Nahrung, so etwa Früchte, Blüten und Blätter, die die meisten Papageienarten ebenfalls gern zu sich nehmen. Kongopapageien (*Poicephalus gulielmi*) und die beiden Graupapageienarten sind in derartigen Wäldern anzutreffen, Goldbugpapageien und Graukopfpapageien der Unterart *Poicephalus fuscicollis suahelicus* hingegen nur in den angrenzenden Gebieten des Kongo-Regenwaldes.

Östlich an das Regenwaldgebiet des Kongobeckens grenzt eine Vegetationszone um den Victoriasee als Bestandteil der ostafrikanischen Hochebene. Das Klima dieser Region ist durch die Verdunstung feucht-warm und erlaubt eine üppige Vegetation. Die White Highlands, nordöstlich des Viktoriasees in Kenia gelegen, werden landwirtschaftlich intensiv genutzt. Insbesondere Kaffee, Tee, Gemüse und Sisal werden dort angebaut. Nördlich des Sees befindet sich das Massiv um den Mount Elgon, auf dessen Hängen sich unter anderem Bergwälder erstrecken, die Lebensräume für Kongo- und Goldbugpapageien bilden.

Weiter östlich des Victoriasees befindet sich eine weitere Vegetationsregion, die, mit Ausnahme der Küstenregionen, vom zentralen sowie nördlichen Teil Tansanias über Kenia und ganz Somalia bis zum zentralen und östlichen Bereich Äthiopiens reicht und sogar Dschibuti und Teile Eritreas mit einschließt. Der Pflanzenwuchs besteht in dieser Gegend aus Trocken-, Dornbusch- und Feuchtsavannen mit einzelnem Baumbestand. Die Schirmakazie (*Acacia tortilis*), der Baobab (*Adansonia digitata*) und der Maulbeerfeigenbaum (*Ficus sycomorus*) sind typische Baumarten dieser Region. Die Feigenbäume werden hier gern von den Langflügelpapageien aufgesucht, die in dieser Gegend durch den Rotbauch-, Goldbug- und Gelbstirnmohrenkopfpapagei (*Poicephalus flavifrons*) vertreten sind.

Die afromontane Zone befindet sich im Zentrum Äthiopiens und zu etwa fünf Prozent der Gesamtfläche in Somalia und Eritrea. Das Hochland von Abessinien und das Somali-Hochland prägen diese Region Afrikas. Die Grundfläche dieses Hochlandes ist ein Plateau, das bei etwa 1.500 m ü. NN beginnt, bis auf über 4.750 m ü. NN ansteigt und die Flora und Fauna dieser Region fast vollständig isoliert. Trocken-, Dorn- und Feuchtsavannen sind die vornehmlichen Vegetationsformen im östlichen Teil. Das Zentrum des Gebirges wird zumeist von Grasland und auch tropischen

Regenwäldern geprägt. Teile dieser afromontanen Zone werden bewässert, sodass sich in derartigen Gebieten vielerorts eine reiche Vegetation entwickeln konnte und sogar Ackerbau betrieben wird. Hier trifft man ebenfalls auf Rotbauchpapageien, aber auch auf Gelbstirnmohrenkopfpapageien. Die gleiche Vegetationszone ist im südöstlichen Südafrika zu finden, hier wird sie vom Graukopfpapagei bewohnt.

In einem 50 bis 200 km breiten Küstenstreifen entlang der afrikanischen Ostküste, zwischen Somalia (1°N) und dem Limpopo River (25°S), erstreckt sich eine weitere Vegetationszone. Sie setzt sich aus einer relativ offenen, feuchten Küstensavanne, gemischt mit Küstenwald, offenem Waldland und mosaikartigem Buschland, zusammen. Es handelt sich um eine feucht/distrophe Savanne mit einigem Baumbestand. Hier trifft man ebenfalls noch auf Rotbauch-, aber auch auf Braunkopf- und Graukopfpapageien.

Weiter südlich verläuft ebenfalls in einem Streifen entlang der Küste die Florenregion des Tonga- beziehungsweise Pongalandes. Hier findet man Wald-, Sand- und Sumpflandschaften vor, die durch ihre Lage an der Grenze zwischen tropischer und subtropischer Zone eine üppige und reiche Vegetation bilden konnten. Hier wachsen die Steineibengewächse (*Podocarpus* spp.), die zur Hauptnahrung der seltenen Kap-Papageien zählen. Diese Papageienart ist nur in diesen Gegenden und in einer isolierten Population bei Wolkberg zu finden.

Die Sambesi-Region befindet sich südlich der Regenwaldgebiete des Kongobeckens und ist eng mit dem Verlauf des gleichnamigen Flusses, aber auch mit den zahlreichen Zuflüssen verbunden. Der Oberlauf des Sambesi wird zunächst durch Savannenlandschaften geprägt, die weiter südwestlich von offenem Buschland abgelöst werden, welches mit Borassuspalmen (*Borassus* spp.) bewachsen ist. Galeriewälder säumen die Uferregionen im weiteren Verlauf des Sambesi und seiner Zuflüsse. Die flachen Landschaften dort können während der Regenzeit überflutet werden. In dieser Vegetationszone leben Goldbugpapageien, Rüppells Papageien (*Poicephalus rueppellii*) und die Graukopfpapageien-Unterart *P. f. suahelicus*.

Rotbauchpapagei

aufgenommen in Ost-Äthiopien; die Art ist hier zahlreich anzutreffen.

Der Bereich der Kalahari bis hin zum Hochland von Südafrika wird von Goldbugpapageien, Rüppells Papageien und Graukopfpapageien bevölkert. Die Flora besteht hier oft nur aus Dünen- und Wüstengräsern sowie hochwachsenden Akazien (*Acacia* spp). Eine völlig unterschiedliche Vegetation existiert hingegen im Okavangodelta, das ebenfalls Teil der Kalahari ist. Papyrusbestände, schwimmende Inseln, bestehend aus reichhaltiger Vegetation und stabilen Bereichen, Grasland, Büsche und Bäume stellen die typische Flora dar. Je trockener die Gebiete werden, umso mehr Büsche und Bäume sind dort vertreten.

Im südwestlichen Teil Afrikas befindet sich die Karoo-Region, ein Trockengebiet, das durch die spezifische kapländische Strauchvegetation als Halbwüste geprägt wird. Eine Vielfalt sukkulenter Pflanzen ist hier zu finden, vereinzelte Bäume und Buschwerk gehören ebenfalls zum Landschaftsbild. Hier befindet sich das südlichste Vorkommensgebiet der Rüppells Papageien.

Mohrenkopfpapagei

Die Vögel verbringen viel Zeit mit der Suche und Aufnahme von Nahrung.

Madagaskar, die Komoren sowie die Seychellen sind Heimat der Vasapapageien. Die küstennahen Zonen sind auf diesen Inseln von tropischem Tieflandregenwald bedeckt. Von den ursprünglichen Regenwäldern sind auf Madagaskar jedoch nur noch 4 Prozent erhalten. Zu etwa 90 Prozent ist nunmehr von sekundären Savannen bedeckt, die insbesondere für den Kleinen Vasapapagei (*Coracopsis nigra*) kaum noch eine lebensfähige Vegetation bieten. Im Süden Madagaskars herrscht die Dornsavanne vor. Die Bergwälder der Komoren werden von beiden Vasapapageien noch in geringen Stückzahlen bevölkert. Auf der Seychellen-Insel Praslin und auf Curieuse lebt die seltene Subspezies des Kleinen Vasapapageien (*C. n. barklyi*). Auf Praslin beschränkt sich das Vorkommen dieser Unterart hauptsächlich auf den Nationalpark Vallée de Mai, wo noch in einem kleinen Gebiet circa 5.000 Exemplare der Seychellenpalme (*Lodoicea maldivica*) einen Lebensraum für diese Vögel bilden.

Ökologie und Verhalten der afrikanischen Papageien

Lange Zeit wurde das Verhalten der Papageien – von einigen immer wieder zitierten Ausnahmen (Borstenkopfpapageien, Keas, Eulenpapageien, Spechtpapageien, Blaubauchpapageien, Edelpapageien, Fledermauspapageien, Unzertrennliche u. a.) abgesehen – als relativ uniform angesehen. Dies galt besonders für die Arten, die (wie auch Grau-, Langflügel- und Vasapapageien) zur großen und morphologisch relativ einheitlichen Papageienfamilie Psittacidae gerechnet werden. Mittlerweile haben neuere Freilandstudien manche Kenntnisse über die Ökologie der großen afrikanischen Papageien erbracht und einige Volierenstudien Details des Verhaltens geklärt, so dass wir heute über wesentlich bessere Kenntnisse des Verhaltens der afrikanischen Papageien verfügen als noch vor ein oder zwei Jahrzehnten. Hier ist allerdings nicht der Ort, die allgemeinen Grundlagen des Papageienverhaltens auszubreiten. Dafür verweisen wir auf die aktuelle Literatur (Zusammenfassung bei Lantermann 2012a). Stattdessen sollen hier nur einige Stichworte zum Verhalten der drei Gruppen der großen Papageien Afrikas genügen.

Im Tagesverlauf aller Papageien spielen zunächst Ruhe und Schlaf, das Komfortverhalten und die Nahrungsaufnahme eine entscheidende Rolle. Der Tag in den Tropen, wo alle hier behandelten Vögel vorkommen, beginnt relativ früh in der Morgendämmerung. Die Vögel beginnen mit dem morgendlichen Komfortverhalten, ordnen ihr Gefieder nach der Nacht, putzen sich und machen sich aufbruchbereit. Je nach Papageienart, Jahreszeit und Intention begeben sich die Vögel von ihren Übernachtungsplätzen einzeln, paarweise, in Familiengruppen oder auch in kleinen Schwärmen auf die Suche nach Nahrung. Waldbewohner und Nahrungsgeneralisten finden dabei die Nahrung oftmals direkt „vor der Haustür". Sie fliegen von einem fruchttragenden Baum zum nächsten, finden hier wie dort Früch-

te und Blüten, in der Regel ohne sich weit entfernen zu müssen. Daher gelten z.B. die überwiegend waldbewohnenden Kongopapageien als standorttreu, doch auch sie unternehmen zu Zeiten des Futtermangels Nahrungsflüge bis zu 60 km täglich. Solche Nahrungsflüge gehören dagegen bei den steppenbewohnenden Arten (Mohrenkopf-, Braunkopf-, Goldbug-, Rotbauchpapageien u.a.) beinahe zum täglichen Programm – zumindest in Trockenzeiten mit geringem Nahrungsangebot. Flüge von der Bruthöhle in weit entfernte Nahrungsgründe sind für viele Vögel an der Tagesordnung und strukturieren einen großen Teil des Tages. In den letzten Jahren sind vor allem vom *Centre for African Parrot Conservation* unter Leitung von Prof. Mike Perrin verschiedene Studien zur Ökologie (und Ernährung) afrikanischer Papageien durchgeführt worden, die zum Teil überraschende Erkenntnisse erbracht haben. Zum einen konnten für manche Arten die bevorzugten Nahrungspflanzen bestimmt werden, zum anderen führten die Untersuchungen zu auch völlig unerwarteten Ergebnissen. So wurde bei einer Studie an Goldbugpapageien im Norden Botswanas festgestellt, dass die Vögel im Jahresverlauf eine Vielfalt an unterschiedlichen Nahrungsbestandteilen zu sich nahmen. Kurz vor der Brutzeit konzentrierte sich die Nahrungsaufnahme aber bevorzugt auf funf verschiedene Fruchtarten. Unter diesen enthielten die Früchte der Beddanuss, des Marulabaums, des Mopanebaums und eines *Combretum*-Strauches zum Erstaunen der Forscher stets Insektenlarven. Was anfangs als Zufall gewertet wurde, weitete sich zur Gewissheit aus, als die Forscher in zweiwöchigem Abstand jeweils 500 Proben der Früchte nahmen und dabei stets Insektenlarven verschiedener Arten in ihnen fanden. In der anschließenden Auswertung der Daten zeigte sich, dass Goldbugpapageien-Männchen, die ein Weibchen zu versorgen hatten, kurz vor seiner Eiablage (in der Eibildungsphase) ausschließlich von Parasiten befallene Früchte aufnahmen. Außerhalb der Brutzeit fraßen die Tiere auch andere Pflanzen und Früchte. Die Spezialisierung auf diese befallenen Früchte wird zum einen als Nutzung einer speziellen Nahrungsnische gewertet und deckt zum anderen den während der Brut erhöhten Eiweißbedarf der Vögel (Boyes 2008).

Goldbugpapageien

der Unterart P. m. transvaalensis bei der Nahrungsaufnahme.

Den frühen Vormittag widmen die Papageien hauptsächlich der Nahrungsaufnahme sowie der Körperpflege und den sozialen Kontakten zu Artgenossen. Sie haben in diesem Zeitraum eine von zwei Hauptaktivitätspitzen. Am späten Vormittag, wenn die heißen Tagesstunden hereinbrechen, begeben sie sich in der Regel zur mittäglichen Ruhe im Schatten von Bäumen und Sträuchern, wo sie die nachsten Stunden ruhend und dösend verbringen, ehe am späten Nachmittag die zweite Aktivitätsphase beginnt. Auch hier stehen Nahrungsaufnahme, Aufsuchen einer Wasserstelle und soziale Kontakte im Vordergrund. Nicht selten vereinen sich die Vögel in besonders ergiebigen Nahrungsgebieten auch mit weiteren Papageien- und auch anderen Vogelarten zur gemeinschaftlichen Nahrungssuche.

Wenn die Dämmerung – in der Regel zwischen 18 und 19 Uhr – hereinbricht, endet die Tagesaktivität der meisten Papageien. Sie suchen paarweise oder in Gruppen ihre Schlafbäume auf, sichern dort ihren Platz und verbringen gemeinsam die Nacht. Vor allem für Graupapageien sind Zusammenschlüsse größerer Gruppen am

Graupapageien

sammeln sich gelegentlich zu großen Schwärmen

Abend beschrieben worden, die sich laut lärmend am gemeinsamen Übernachtungsort einfinden und dann bis zur hereinbrechenden Dunkelheit um die besten Schlafplätze rangeln. Früher war in der Literatur oftmals von mehreren tausend Vögeln an solchen Schlafplätzen die Rede, heute dürften solche großen Ansammlungen – nach dem exzessiven Vogelfang in den letzten 30 Jahren – an den meisten Schlafplätzen der Vergangenheit angehören. Nach Einbruch der Dunkelheit kehrt an diesen Übernachtungsorten bald Ruhe ein. Ein etwas verschobenes Aktivitätsmuster zeigen teilweise die madagassischen Vasapapageien. Sie gehören zu den wenigen Papageienarten, die auch in der Dämmerung noch aktiv sein können und manchmal sogar bis tief in die Nacht hinein ihre monotonen Lautäußerungen erklingen lassen.

Das Brutgeschäft beginnt für die meisten Arten mit Einsetzen der Regenzeit, wenn insgesamt günstigere Nahrungsbedingungen für den zu erwartenden Nachwuchs vorherrschen. Die Brutzeit beginnt mit der Partnersuche. Ihre Partner finden die noch unverpaarten Vögel meist in so genannten Junggesellengruppen. Dies sind die Zusammenschlüsse subadulter Tiere mehrerer Paare oder Familien, die nach erlangter Selbständigkeit von ihren Eltern aus den angestammten Brutrevieren vertrieben werden. Hier finden sich oftmals bereits noch nicht geschlechtsreife Jungtiere oder Subadulte zu Paaren zusammen, die auch mit Eintritt der Geschlechtsreife noch Bestand haben können. Die anschließenden Balzverhaltensweisen sind bei fast allen Arten inzwischen recht gut bekannt – in der Regel aber aus Beobachtungen an Volierenvögeln (vergleiche Abschnitt „Balz, Brut und Jungenaufzucht“). Zu den paarfestigenden Verhaltensweisen zählen vor allem die soziale Gefiederpflege und vor der Kopulation auch das Partnerfüttern, allerdings sind die afrikanischen Großpapageien in der Regel keine Kontakttiere, die stets und besonders eng zusammen sitzen. So kann es bei Beobachtungen im Freiland und in der Voliere vorkommen, dass auch verpaarte Tiere monatelang (bis zum Einsetzen der nächsten Brutzeit) so gut wie keine paarfestigenden Verhaltensweisen erkennen lassen, außer dass sie gemeinsam fliegen, an den Futterplätzen in unmittelbarer Nähe zueinander Nahrung suchen und am abendlichen Schlafplatz nebeneinander ruhen.

Wie die Erkennung des „richtigen" Gegengeschlechts bei den gefiedermonomorphen Arten genau erfolgt, ist bis heute nicht bekannt. Aus Beobachtungen an Volierenvögeln weiß man zumindest, dass sich hier auch Verwechslungen ergeben können, in deren Folge Männchen- oder Weibchen„paare" entstehen. Im Freiland dürfte eine Kombination aus optischen und akustischen Merkmalen in Verbindung mit einem „typischen" Dominanzverhalten der Männchen ausschlaggebend für die Partnerwahl sein. Große, etwas farbenprächtigere und dominante Tiere werden als Männchen, etwas kleinere, weniger farbintensive und submissive Tiere als Weibchen eingestuft. Das jeweilige Gegengeschlecht richtet sein eigenes Verhalten auf das des Gegenübers aus. Wahrscheinlich spielt bei der Geschlechtererkennung auch das hochentwickelte Farbsehen der Vögel im UV-Bereich, mit dem auch kleinste Farbdetails und -unterschiede für die Vögel erkennbar sind, eine Rolle. Allerdings liegen hier bislang noch keine gesicherten Ergebnisse für eventuell vorhandene Geschlechtsunterschiede in der (für den Menschen nur mit Hilfe hochentwickelter Technik sichtbaren) Gefiederfärbung vor. Erste Untersuchungen einer italienischen Arbeitsgruppe deuten aber darauf hin, dass die Lautäußerungen der beiden Geschlechter bei Langflügelpapageien unterschiedlich zu sein scheinen. Zumindest der Alarmruf dauert bei den Weibchen gegenüber den der Männchen etwas länger und wird in einer höheren Frequenz geäußert (Venuto et al. 2001). Hinzu kommt, dass manche Arten (untersucht ist unter den Langflügelpapageien bisher nur der Kongopapagei) eine besondere Form der Kommunikation unter den Paarpartnern pflegen: das Duettieren. Der Form nach handelt es sich um ein antiphonisches Singen, wobei der eine Partner nur einen „Strophenteil" vorträgt, woraufhin der zweite dann die Fortsetzung folgen lässt. Dieses Duettieren dient der akustischen Kommunikation bei der individuellen Erkennung von Partnern (Massa et al. 2002).

Gelbstirnmohrenkopfpapageien

Ungeklärt ist immer noch die Geschlechtererkennung bei gleichgefärbten Vögeln.

Neu verpaarte Vögel begeben sich mit Einsetzen der Regenzeit auf die Suche nach einer geeigneten Brutmöglichkeit, alte Paare besetzen oftmals bereits erprobte Niststätten. Baumhöhlungen mit entsprechendem Innendurchmesser sind die bevorzugten Nistplätze. Sie liegen oftmals in abgestorbenen Bäumen mit einem Einschlupfloch in großer Höhe über dem Boden. Nicht allzu selten müssen die Vögel – vor allem in den Trockensavannen mit nur spärlichem Baumbestand – auch auf suboptimale Bruthöhlen ausweichen, die zu klein, zu groß, zu tief sind oder deren Einschlupfloch zu nahe am Boden liegt. Der Bruterfolg wird letztlich auch von der Qualität der Bruthöhle bestimmt: Weniger optimale Höhlen können von Regenfällen überflutet werden, Jungvögel (gelegentlich auch brütende Altvögel) werden

Rotbauchpapagei

Bei dieser Art können die Geschlechter leicht unterschieden werden: den Weibchen fehlt die kräftig orangefarbene Bauchfärbung der Männchen.

leichter Opfer von Beutegreifern, Unwetter bringen Brutbäume zu Fall usw.

Mit der Kopulation wird die eigentliche Brutphase eingeleitet. Die meisten Papageienpaare zeigen jetzt vermehrt paarfestigende Verhaltensweisen wie soziale Gefiederpflege und Partnerfüttern. Die Kopulation erfolgt bei Grau- und Langflügelpapageien in der für altweltliche Papageienarten typischen Form: Das Männchen befliegt oder besteigt das Weibchen mit beiden Füßen, krallt sich in seinen Flankenfedern fest und vollzieht die Kopulation, bei der das Weibchen die Schwanzfedern etwas zur Seite nimmt, damit die Tiere ihre Analöffnungen, in die Samen- und Eileiter münden, zusammenführen können und die Begattung erfolgreich verläuft. Eine Kopulation kann kurz vor Brutbeginn mehrmals täglich erfolgen und mehrere Minuten dauern. Beide genannten Artengruppen gelten als monogame Vogelarten, d. h. Männchen und Weibchen bleiben zumindest während der Brutzeit zusammen. Beobachtungen an Volierenvögeln deuten weiter darauf hin, dass der Paarbund auch über mehrere Jahre (vielleicht auch lebenslang bis zum Tod eines Partners) Bestand hat.

Die madagassischen Vasapapageien gehören dagegen nicht zu den monogamen Papageienarten. In ihrem Sozialsystem weichen zumindest Große Vasapageien – soweit bisher bekannt – deutlich von dem aller anderen Papageien ab. Sie leben nämlich in einer Polygynandrie (eine Art „Gruppenehe"), d. h. sie gehen keinen festen Paarbund ein, sondern Männchen und Weibchen kopulieren mit unterschiedlichen Partnern. Die Gelege der Weibchen sind somit in der Regel von mehreren Männchen befruchtet (Ekstrom 2002a, b, Spoon 2006). Auch die Kopulation des Großen Vasapapageien stellt in dreierlei Hinsicht eine bemerkenswerte Ausnahme unter den Papageien dar: Zum einen verlieren beide Geschlechter während der Brutzeit ihr Kopfgefieder, gleichzeitig verfärbt sich die Kopfhaut so intensiv gelb, dass die ansonsten recht unscheinbaren Vögel ein völlig verändertes Aussehen gewinnen. Die Funktion dieses Mechanismus' ist bislang nicht bekannt. Zum zweiten stülpen die Männchen vor der Kopulation eine etwa 50 bis 55 mm lange fleischfarbene Vorwölbung im Kloakenbereich aus, führen sie in die Kloake des Weibchens ein und „verankern" sich auf diese Weise mit ihm. Die anschließende Kopulation dauert – als dritte Besonderheit – bei Vasapapageien der Nominatform bis zu 10 Minuten, bei der westlichen Unterart nach Beobachtungen im Chester Zoo in England durchschnittlich mehr als 100 Minuten (Wilkinson & Birkhead 1995). – Welcher Selektionsdruck letztlich auf die Vögel bzw. ihr eigentümliches Brutverhalten wirkt, ist bislang unbekannt.

Das Weibchen legt nun im Abstand von zwei (bis drei) Tagen – je nach Art – bis zu vier Eier und bebrütet sie allein. Bei Grau- und Langflügelpapageien sorgt derweil das Männchen für die notwendige Nahrung und versorgt das Weibchen in der Bruthöhle damit. Nach 28 bis 33 Tagen (je nach Art) schlüpfen die Jungvögel im Abstand der Eiablage und werden danach bei den kleine-

Ausgestülpte Kloake bei einem Großen Vasapapagei

ren Langflügelpapageienarten etwa 8, bei Graupapageien und den größeren Langflügelpapageienarten bis zu 12 Wochen zunächst allein vom Weibchen, nach einiger Zeit von beiden Eltern mit Nahrung versorgt, ehe sie flügge sind. Danach beginnt für die eben ausgeflogenen und zum Teil noch recht unbeholfenen Jungvögel eine gefährliche Zeit, in der sie vermehrten Gefahren (Beutegreifer, Abstürze usw.) ausgesetzt sind, ehe sie sich sicher im Geschwister- oder Familienverband bewegen können. Manche Paare vertreiben ihre Jungen anschließend aus der engeren Umgebung der Bruthöhle, wenn sie eine (nur selten stattfindende) Zweitbrut anschließen wollen. Oftmals verbleiben die Jungtiere aber bis zur nächsten Brutsaison im Familienverband, bevor sie abwandern und sich mit anderen Jungvögeln zu Junggesellengruppen zusammenschließen, in der sich wiederum neue Paare finden.

Bei den Vasapapageien dauert die Brutzeit 14 bis 16 Tage, die Nestlingszeit nur knappe sieben Wochen. Aufgrund ihres ungewöhnlichen Sozialsystems werden die brütenden Weibchen wahrscheinlich von mehreren Männchen gefüttert.

Über die Brutbiologie freilebender afrikanischer Papageien ist noch viel zu wenig bekannt. Viele Details kennt man lediglich aus Beobachtungen an Volierenvögeln.

Afrikanische Papageien in Menschenobhut

Geschichte ihrer Haltung in Europa

Afrikanische Papageien sind seit der Antike in Europa bekannt, und einige Arten haben eine sehr lange Haltungstradition. Der Graupapagei könnte bereits in Athen von wohlhabenden Menschen gehalten worden sein. Anzunehmen ist dies aufgrund der Schriften von Aristoteles. Er erwähnt einen sagenhaften Vogel *eríthakos*, der den Beinamen *phoinikurus* (der Rotschwänzige) hatte und zu sprechen vermochte.

***Graupapageien** sind lange bekannt.*

Als die Franzosen im Jahr 1402 einige der Kanarischen Inseln besetzten, trafen sie dort auf Graupapageien, die von den einheimischen Guanchen gehalten wurden oder auch frei auf den Inseln umherflogen. Gegen Mitte des 15. Jahrhunderts brachten portugiesische Seefahrer

Haltungsgeschichte

Mohrenkopfpapageien

wurden in den letzten 30 Jahren in großen Stückzahlen importiert.

dann Graupapageien von der Westküste Afrikas mit nach Europa. In dem Gemälde „Adam und Eva“ von Lucas Cranach (um 1520) ist bereits ein Graupapagei zu sehen. 1555 erwähnt Conrad Gesner in seinem Vogelband neben drei weiteren Papageienarten erstmals einen Graupapagei und zu etwa der gleichen Zeit auch Piere Belon in seinem Werk *L'histoire de la nature des oyseaux*. Anfang des 17. Jahrhunderts war insbesondere der Graupapagei in weiten Teilen von Süd- und Westeuropa bekannt und wurde dort in wohlhabenden Kreisen gern als Heimvogel gehalten.

Der schwedische Naturforscher und Begründer der binären Nomenklatur Carl von Linné beschrieb 1758 in seinem bekannten Werk *Systema Naturae* die beiden Spezies Graupapagei und Kleiner Vasapapagei und führte diese somit in die wissenschaftliche Systematik ein; im Jahr 1766 folgte in einer erweiterten Ausgabe dieser historischen Arbeit die Beschreibung des Mohrenkopfpapageis.

Buffon (1780) erwähnt in seinem Werk *Histoire Naturelle des Oiseaux* erstmals die Zucht von Graupapageien. So hatte ein gewisser Herr la Pigeoniere aus Marmande (Frankreich) ein Paar Graupapageien, das fünf bis sechs Jahre hintereinander in jedem Frühling zur Brut schritt und auch erfolgreich Junge aufzog. Jedes Gelege bestand aus vier Eiern, von denen sich immer eines als unbefruchtet erwies. Als Unterkunft diente den Vögeln während der Brutzeit ein Zimmer. Dort hinein wurde eine kleine Tonne als Brutstätte gestellt, von der zuvor der Deckel entfernt worden war. An der Außen- wie auch Innenwand wurden Kletterhilfen (Stäbe) befestigt, die dem Männchen den Besuch seines Weibchens in der Tonne ermöglichten. Vermutlich war das Innere dieser Tonne nur über diese Öffnung zu erreichen und ein Schlupfloch fehlte. Buffon wies auch darauf hin, dass ein Betreten des Zimmers nur in Gummistiefeln möglich war, da das Männchen jeden in die Beine biss, der sich dem Weibchen näherte.

Zuvor und in den Folgejahren wurden immer wieder Papageien durch Seeleute aus ihrer Heimat in die europäischen Hafenstädte gebracht. Mit diesem Tierhandel verdienten sich die Matrosen ein geringes Zubrot zu ihrer oft spärlichen Heuer. Die Haltung von Papageien war jedoch Jahrhunderte lang den gehobenen Bevölkerungsschichten in Europa vorbehalten, die diese Vögel in kostbaren Käfigen oder angekettet auf Ständern hielten. Man erwarb Papageien wegen ihrer Gelehrigkeit und wegen ihres prächtigen Aussehens; die Vögel wurden zum Sprechen abgerichtet und wegen ihrer Zutraulichkeit gelobt. Bechstein (1812) bezeichnet den Graupapagei als den gewöhnlichsten und gelehrigsten Papagei. Der Spezies wurden bereits zu früheren Zeiten unglaubliche Dinge nachgesagt, so dass sich der Graupapagei recht schnell zum populärsten Papagei überhaupt entwickelte. Die anderen afrikanischen Papageien erlangten lange nie diesen Bekanntheitsgrad. Bis Anfang des 19. Jahrhunderts sind vermutlich keine weiteren Arten der größeren afrikanischer Papageien lebend nach Europa gekommen. Erst mit dem Mohrenkopfpapagei wurde zu dieser Zeit eine weitere Papageienart in den Hafenstädten angeboten. Überlieferungen zufolge sind später auch der Kongo- (Mitte des 19. Jahrhunderts), Kap- (1853), Goldbug- (1855), Kleiner Vasa- (1867), Graukopf- (1869), Braunkopf- (1870), Rüppells (1882), Gelbkopf- und Großer Vasa- (zweite Hälfte des 19. Jahrhundert) sowie Rotbauch- (1920) und Niam-Niam-Papagei (1978) erstmalig nach Europa gelangt. Einige dieser Arten entwickelten bald schon einen großen Bekanntheitsgrad. Der Mohrenkopfpapagei beispielsweise wurde nach seiner europäischen Ersteinfuhr bald schon zu einer häufigen Erscheinung im Vogelhandel. Allerdings ist die Sprachbegabung bei dieser Art bei Weitem nicht in der Weise vorhanden, wie es beim Graupapagei der Fall ist. Dies wurde schnell bekannt und so wurden Mohrenkopfpapageien vorzugsweise wegen ihres hübschen Aussehens gepflegt.

Durch den deutschen Zoologen und Schriftsteller Alfred Edmund Brehm und sein Buch *Illustrirtes Thierleben* (1864 – 1869), später besser bekannt als *Brehms Tierleben*, erhielt die Papageienhaltung auch für die einfache Bevölkerung einen erheblichen Auftrieb. Es folgten die ebenfalls herausragenden Werke des deutschen Schriftstellers Karl Ruß, der unter anderem die Papageienhaltung weiter gesellschaftsfähig machte. Karl Ruß war auch der Begründer und bis zu seinem Tod Herausgeber der Zeitschrift *Gefiederte Welt*.

Kongopapageien

kamen im 19. Jahrhundert nur vereinzelt nach Europa.

Der Kongopapagei war zu dieser Zeit nur vereinzelt in zoologischen Einrichtungen und bei wenigen Liebhabern anzutreffen. Bei den Händlern war diese Spezies seltener und wenn dann nur einzeln vertreten. Vielleicht war diese Art wegen der geringen Einfuhren und für das bis dahin nicht nachgewiesene Sprachtalent nicht so weit verbreitet unter den Papageienliebhabern dieser Zeit. Auch der Kap-Papagei gelangte nach seiner Ersteinfuhr nur selten in den Handel. 1874 stellte Fräulein Hagenbeck bei einer Vogelausstellung in Berlin ein Exemplar aus. 1883 wurde in Altona ein zahmer, sprechender sowie pfeifender Kap-Papagei angeboten – Graukopfpapageien gelangten nach ihrer Ersteinfuhr ebenfalls nur äußerst selten in den Handel. Über den Großen Vasapapagei wurde vereinzelt berichtet, wenngleich die Art für die Vogelhaltung des 19. Jahrhunderts fast keine Bedeutung erlangte. Ein Sprachtalent war bei diesen Vögeln so gut wie nicht vorhanden; lediglich ein gewisses Nachahmungsvermögen wurde in der Literatur genannt. So sollen Große Vasapapageien „laut und wohlklingend pfeifen, vortrefflich Liederweisen nachflöten und auch Vogelgesang nachahmen lernen;

Ausmaß von Haltungen

Opfer der Massenimporte

waren zahlreiche Papageien, die den Fang und Transport nicht überlebten.

ferner nehmen sie ebenso gern allerlei andere Laute, wie Hundegebell, Miauen der Katze, Hahnenschrei u.a. täuschend an" (Ruß 1887). Wegen seiner schlichten und eintönigen Schwarzfärbung wurde diese Art auch nicht als „Schmuckvogel" gehalten. – Noch ungeeigneter schien zu jener Zeit der Kleine Vasapapagei für die Vogelhaltung gewesen zu sein, da diesen Vögeln kein Nachahmungstalent bescheinigt wurde. Auch der Braunkopfpapagei ist nach seiner Ersteinfuhr bis zu Zeiten von Karl Ruß nur äußerst selten in den Handel gelangt; manchen Vogelhändlern war die Spezies zu dieser Zeit sogar völlig unbekannt. Der Goldbugpapagei gelangte 1855 zwar erstmalig in den Zoo London, dann aber erst wieder 1873 in die gleiche Institution. Im Herbst 1877 wurden zwei Goldbugpapageien bei einer Vogelausstellung in Berlin gezeigt. Sehr selten waren zum Ende des 19. Jahrhunderts auch die Rüppells Papageien in den Handlungen vertreten (Ruß 1880).

Mit Beginn des 20. Jahrhunderts änderte sich an den Haltungszahlen bei den afrikanischen Papageien zunächst nicht viel. Die beiden Weltkriege sorgten dafür, dass sich die Menschen in Europa mit anderen Dingen als der Papageienhaltung auseinandersetzen mussten. Erst nach dem Ende des Zweiten Weltkrieges nahm die Haltung auch der afrikanischen Arten wieder einen kleinen Aufschwung. Die hohen Importzahlen in den 1980er Jahren sorgten für ein Überangebot von importierten afrikanischen Papageien, sodass aufgrund der niedrigen Preise für diese Vögel sich kaum jemand Gedanken über deren Vermehrung machen musste. Von vielen Arten war zu dieser Zeit stets eine ausreichende Anzahl für den Heimtier- und Züchterbedarf vorhanden. So hatte der Graupapagei immer die höchsten Importzahlen unter den Papageienvögeln; der Mohrenkopfpapagei stand oft an dritter Stelle dieser Statistik. Einige Arten wie beispielsweise Rüppells Papageien, Rotbauch-, Kongo-, Graukopf- und Braunkopfpapageien kamen seltener nach Deutschland. Bei diesen Spezies kümmerten sich spezialisierte Züchter darum bereits frühzeitig um die Vermehrung, aber bei den Kleinen und Großen Vasapapageien wurde dies versäumt. Beide Arten fanden nicht das Interesse der Züchter, und auch für die Heimtierhaltung kamen sie nicht infrage. Große Vasapapageien wurden hin und wieder in zoologischen Einrichtungen gehalten und leider nur bei sehr wenigen privaten Züchtern in Europa. Ähnlich war die Situation der Kleinen Vasapapageien, deren Populationszahlen in Menschenhand aufgrund ihrer schwierigen Vermehrung stetig abnahmen. Seit 2001 wird für die beiden Vasapapageien-Arten innerhalb der deutschen *Vereinigung für Zucht und Erhaltung einheimischer und fremdländischer Vögel e. V.* (VZE) ein Zuchtprojekt initiiert, welches sich schnell auf ganz Europa ausweitete. Fast 200 Individuen beider Arten sind derzeit in einem Zuchtbuch erfasst und werden dort verwandtschaftsfern verpaart. Auch für die Arten der Langflügelpapageien existiert seit einigen Monaten wieder ein ähnlich arbeitendes Zuchtprogramm innerhalb der VZE, in dem zur Zeit etwas mehr als 1.000 Individuen der meisten Arten registriert sind. Ziel dieser Projekte ist es, eine gesunde Population in Menschenhand zu erhalten.

Eine Kehrtwende ereignete sich schließlich mit dem 2005 durch die Europäische Union erlassenen Importverbot für lebende Vögel. Ab dieser Zeit widmete man sich zunehmend der Vermehrung aller afrikanischen Papageien, um die Bedürfnisse der Züchter und die Nachfrage für den Heimvogelmarkt auch nur annähernd decken zu können.

Gegenwärtiges Ausmaß von Haltungen

Afrikanische Papageien (nicht eingerechnet der Halsbandsittich als einzigen Vertreter der Sittiche auf dem afrikanischen Kontinent und die Unzertrennlichen der Gattung *Agapornis*) sind unter den Vogelhaltern noch relativ häufig vertreten. Einen relativ guten Überblick über die prozentuale Aufteilung der gehaltenen Vögel erhält man vor allem bei einem Blick in die Annoncenteile diverser Fachzeitschriften und auf entsprechenden Internetseiten. Oftmals sind die Anzeigen für afrikanische Papageienarten zahlenmäßig hier auf dem zweiten Platz, gleich hinter den australischen Sittichen. Insbesondere sind es aber auch die Nachzuchtstatistiken der großen Vogelzuchtvereinigungen, die einen Rückschluss auf die Haltungssituation einzelner Arten bieten. Die verhältnismäßig anspruchslose Haltung und Ernährung der afrikanischen Papageien sind dabei nur einige der Gründe für die Verbreitung dieser Vögel.

Wie ist diese Häufigkeit aber zu erklären? Langflügel- und Graupapageien verursachen mit ihren Stimmlauten keinen so großen Lärmpegel wie beispielsweise die meisten Arten unter den Amazonen, Aras, Kakadus oder auch Edelpapageien. Sie können in den meisten Fällen gehalten werden, ohne dass sich empfindliche Nachbarn belästigt fühlen. Es ist aber auch unstrittig, dass es unter den Langflügelpapageien Exemplare gibt, die gern von ihrer Stimme Gebrauch machen und so für Ärger sorgen können. Auch die niedrige Preiskategorie, in der beispielsweise

Goldbugpapageien

tauchen in den Statistiken immer zahlreich auf.

einige Arten unter den Langflügelpapageien noch zu haben sind, kann wohl für dieses inzwischen bestehende geringe Überangebot bei einigen Arten verantwortlich gemacht werden. Aber auch die Verfügbarkeit einer Spezies spielt eine wesentliche Rolle, besonders wenn eine solche in diesem speziellen Fall auf den hohen Importzahlen der Vergangenheit beruht. Mohrenkopfpapageien und vor allem Graupapageien waren bis zum Importstopp von lebenden Vögeln in die Europäische Union immer in großer Zahl als so genannte Wildfänge in den Fachhandlungen zu bekommen. Mohrenkopfpapageien sind von den Händlern aufgrund dessen oftmals mit 50 Euro pro Tier und manchmal sogar zu noch günstigeren Preisen angeboten worden. Der fortwähren-

Ausmaß von Haltungen

Junge Mohrenkopfpapageien

sind begehrte Vögel; sie stellen heute einen hohen Anteil der angebotenen Langflügelpapageien dar.

de Nachschub aus der Natur machte dies möglich. Zahlreiche Mohrenkopfpapageien sind selbst in der Gegenwart immer noch als Importvögel in den Zuchtanlagen vertreten und auch die Nachzuchten von diesen Vögeln stellen inzwischen einen hohen Anteil der angebotenen afrikanischen Papageien dar. Die große Nachfrage nach Graupapageien, vor allem in der Heimvogelbranche, hielt den Stückpreis für diese Art zwar stets etwas höher, aber der Papageienliebhaber war auch immer gern bereit, etwas mehr für einen zahmen Hausgenossen zu zahlen. Der Graupapagei hatte und hat immer noch einen gewissen Kultstatus als Heimvogel inne, darum befassen sich auch immer mehr Züchter mit der Vermehrung dieser Spezies, um den nach wie vor hohen Bedarf für den Heimvogelbereich, aber auch für die Halter von Zucht- und Volierenvögeln zu decken. Der Timneh-Graupapagei wurde häufig leider nur als etwas billigerer Ersatz für seinen farblich attraktiveren Verwandten angesehen. Diese Spezies gelangte zwar nicht in solch großen Stückzahlen wie der Graupapagei nach Europa, dennoch war der Timneh-Graupapagei immer günstiger in der Anschaffung als der populäre Graupapagei. Die Züchter befassten sich kaum mit der Vermehrung dieser Art, so dass heute nur wenige Halter Timneh-Graupapageien in ihren Zuchtanlagen beherbergen.

Nicht alle Arten der Langflügelpapageien gelangten regelmäßig in solch großen Stückzahlen nach Europa wie der Mohrenkopfpapagei, aber dennoch ist es in der Vergangenheit beispielsweise bei Goldbug- oder auch Kongopapageien gelungen, eine überlebensfähige Volierenpopulation zu schaffen. Bei einigen anderen Arten der Gattung *Poicephalus* muss zukünftig hingegen strikt auf die Vermeidung von Inzucht hingearbeitet werden; so sind beispielsweise die heutigen Bestände des Rüppells Papageis auf nur wenige Importtiere zurückzuführen. Ähnlich sieht es bei den nicht so häufig in Menschenhand vertretenen Braunkopf- und Graukopfpapageien aus. Der Rotbauchpapagei wird zwar regelmäßig in Annoncen angeboten, aber auch hier muss in Zukunft besonderer Wert auf die Vermeidung von Inzuchtdegeneration gelegt werden. Gelbstirnmohrenkopf- sowie Niam-Niam-Papageien sind in europäischen Haltungen wahrscheinlich nicht existent. Bei den Kleinen und auch Großen Vasapapageien ist die Situation gegenwärtig eine ganz andere. Beide Arten werden aufgrund ihres schlichten, gar nicht papageientypischen Aussehens in ganz Europa wahrscheinlich nur noch von etwa 40 Privatleuten und von höchstens 20 zoologischen Einrichtungen gehalten.

Für fast alle Arten afrikanischer Papageien werden von einigen europäischen Vogelzuchtvereinigungen Zuchtprojekte geführt. So existieren in den Niederlanden, in Dänemark und in Großbritannien Initiativen, die sich um den Erhalt von Langflügelpapageien kümmern; in Deutschland sind es sogar zwei Verbände, die sich für den Fortbestand dieser Arten einsetzen: Ein Europäisches Zuchtprojekt existiert für die Vasapapageien und ein weiteres für die Angehörigen der *Agapornis*-Gattung. Keine derartige Initiative wurde bislang für den Halsbandsittich oder auch die beiden Graupapageienarten gegründet. In dem seit 2010 existierenden *Poicephalus*-Zuchtbuch der VZE sind innerhalb Deutschlands derzeit (Stand 31.12.2012) 1.310 Individuen gemeldet, die sich in 36 Graukopf-, 138 Kongo-, 408 Mohrenkopf-, 106 Rotbauch-, 53 Braunkopf-, 87 Rüppells und 482 Goldbugpapageien aufteilen (Kock, briefl. Mitt.). Das Europäische Zuchtprojekt für die Vasapapageien wird seit 2001 ebenfalls durch die VZE geführt. Darin befinden sich gegenwärtig 29 Große Vasapapageien und 161 Kleine Vasapapageien (Stand 31.12.2012).

Motivationen der Menschen

Was bewegt Menschen in der heutigen Zeit dazu, sich mit Papageien und insbesondere mit afrikanischen Papageien zu befassen? Wir leben in einer Zeit, in der Hektik und Stress immer mehr zunehmen. Der Alltagsstress wirkt schon lange nicht mehr nur auf Manager; auch Hausfrauen, Schüler, Sportler, Arbeiter und Rentner sind gleichermaßen betroffen. Viele Menschen suchen darum nach etwas Abwechslung im Alltagsleben und finden sie zum Beispiel in ihren Hobbys, bei Gesprächen mit Freunden, beim Lesen eines guten Buches oder auch in der Beschäftigung mit einem Tier. Das Heimtier hat nach wie vor einen sehr hohen Stellenwert im Bezug auf die Freizeitgestaltung. Nach der aktuellen Statistik des Zentralverbandes *Zoologischer Fachbetriebe Deutschlands e. V.* (ZZF 2012) leben in deutschen Haushalten circa 37 Millionen Heimtiere (ohne Zierfische und Reptilien), darunter sind etwa 3,7 Millionen Ziervögel. Der Hauptanteil innerhalb der Ziervögel wird sich ohne Zweifel auf Wellensittiche, Nymphensittiche, Kanarienvögel und Zebrafinken verteilen; auch große Papageien werden weiterhin in Käfigen oder auch Zimmervolieren gehalten, worunter sich nicht selten Graupapageien oder auch Mohrenkopfpapageien befinden. Eventuell wird vereinzelt auch noch die eine oder andere weitere afrikanische Papageienart im Wohnzimmer gehalten, zur Freude des Menschen an dem lebenden Geschöpf. Nicht selten ist mit der Anschaffung eines Papageis der Traum nach etwas Exotischem in den eigenen vier Wänden erfüllt worden. Vielleicht ist es auch die Wunscherfüllung nach einem intelligenten Lebewesen, das durch seine Sprechbegabung und die mitunter situationsgerechte Anwendung der gelernten Worte für viel Freude innerhalb der Familie oder im Freundeskreis sorgt. Eventuell ist es aber auch das vertraute Wesen zahmer Papageien, dem das Hauptinteresse gilt, das besonders handaufgezogenen Vögeln nachgesagt wird.

Für Kap-Papageien

existiert ein Zuchtbuch in Südafrika mit einer hohen Beteiligung privater Züchter.

All dies können Motivationen von Heimvogelhaltern sein, die sie zur Anschaffung eines afrikanischen Papageien bewegten. Auf den damit verbundenen Heimvogelmarkt kommen wir am Ende dieses Kapitels noch einmal zurück.

Bei den Papageienzüchtern werden die jeweiligen Individuen einer Art verpaart und bestenfalls in Volierenanlagen untergebracht. Oberstes Ziel ist in jedem Fall die Zucht dieser Papageien, jedoch geschieht dies oft nach unterschiedlichen Maßstäben. Einige Züchter erfreuen sich an einem bunten Besatz in ihrer Voliere. Hier wird versucht, möglichst viele Arten miteinander zu vergesellschaften. Nicht immer gelingt solch ein Experiment. Häufig scheitert es bereits an der Größe der zur Verfügung stehenden Unterkunft. Oftmals vertragen sich die Insassen einer solchen Unterkunft zwar augenscheinlich, aber irgendwie stören sich diese Vögel wahrscheinlich doch aneinander, denn die erwarteten Nachzuchten bleiben in den meisten Fällen aus. Gerade bei den afrikanischen Papageien ist die Gruppenhaltung zum Teil recht schwierig oder auf dem eng begrenzten Platz einer gewöhnlichen Zimmer- oder Gartenvoliere so gut wie unmöglich.

Modifikation

bei einem Mohrenkopfpapagei. Diese Farbveränderung ist nicht vererbbar.

Andere Züchter halten eine Spezies afrikanischer Papageien paarweise in einer Voliere und arbeiten gezielt auf einen Nachzuchterfolg hin. Die Mehrheit besitzt eine kleine Zuchtanlage, die sich aus mehreren Einzelvolieren zusammensetzt und beispielsweise neben einigen australischen Sittichen vielleicht auch einem Paar Mohrenkopfpapageien Platz bietet. – Weiterhin sind noch die spezialisierten Züchter zu nennen, die ihre Zuchtanlage gänzlich für die Zucht von Langflügelpapageien, Graupapageien oder auch Vasapapageien nutzen. Einige konzentrieren sich dabei auf eine oder mehrere Gattungen und schaffen sich Paare von mehreren Arten/Unterarten an. Im Laufe der Zeit entsteht auf diese Weise eine Kollektion, die einen großen Teil der afrikanischen Papageienfauna beherbergt. Andere Spezialisten beschäftigen sich auch nur mit der Zucht einer einzigen Art beziehungsweise Unterart und halten von dieser gleich mehrere Paare, aufgeteilt in einzelnen Volieren. – Die Motivationen der Züchter sind nicht selten grundverschieden. Die meisten erfreuen sich an dem eventuell eintretenden Zuchterfolg, der nicht selten etwas Besonderes darstellt und bei einigen der hier beschriebenen Arten noch keinesfalls die Regel ist. Nachzuchten werden dann inseriert oder sogar auf Vogelbörsen zum Verkauf angeboten, um mit dem Erlös die Aufwendungen für das Hobby der Vogelzucht annähernd decken zu können. Bei den spezialisierten Züchtern ist die Motivation oftmals bereits eine andere. Hier ist man bestrebt, die Nachzuchten an Gleichgesinnte abzugeben und eventuell auch gegen andere Papageien zu tauschen, um selbst wieder verwandtschaftsferne Neuverpaarungen in den eigenen Volieren vornehmen zu können. In den letzten Jahren hat sich in Deutschland gerade bei den afrikanischen Papageienarten eine Zielrichtung bei der Zucht dieser Vögel ergeben, die als richtungweisend bezeichnet werden darf: Die Schaffung von Zuchtprojekten zur Erhaltung der Langflügelpapageien und Vasapapageien ist der richtige Weg, die Bestände einzelner Arten (auch Unterarten) in Menschenhand kontrolliert zu halten sowie durch eine konsequente Zuchtbuchführung für geeignete Verpaarungen und somit eine möglichst hohe genetische Variabilität über einen längeren Zeitraum zu sorgen. Züchter, die sich diesen Projekten angeschlossen haben, sehen die eigenen Tiere als Bestandteil einer größeren Population an. Alle Nachzuchtvögel einer Art/Unterart werden bei Bedarf innerhalb der Projektteilnehmer auf Rat eines Projektkoordinators vermittelt; verwandtschaftsferne und unterartenreine Verpaarungen sind dabei das oberste

Ziel dieses Handelns. Die Projektteilnehmer ziehen dabei gegenseitig Nutzen aus dieser Gemeinschaft, der sich nicht nur aus der Tiervermittlung ergibt, sondern auch aus einem Erfahrungsaustausch mit Gleichgesinnten. Beim Europäischen Erhaltungszuchtprojekt für die Vasapapageien schlossen sich bislang auch zahlreiche zoologische Einrichtungen dieser privat geführten Initiative an. Nicht selten werden einzelne Arbeitsbereiche dieses Projektes auch wissenschaftlich begleitet oder umgekehrt ziehen Wissenschaftler ihren Nutzen aus dieser Projektarbeit.

In der Vergangenheit ist manchmal von aufgetretenen Mutationen bei afrikanischen Papageien berichtet worden. So ist vor einiger Zeit ein gelber Mohrenkopfpapagei aufgetreten, „rotbäuchige" Graupapageien sind in Deutschland gezüchtet worden und auch von albinotischen Graupapageien wurde bereits vereinzelt berichtet. Des Weiteren sind wohl auch blaue, gelbgescheckte und zimtfarbene Goldbugpapageien in Privathaltungen geschlüpft. Insgesamt scheint jedoch die Mutationsfreudigkeit bei den afrikanischen Papageien keinesfalls so ausgeprägt zu sein wie beispielsweise bei den australischen Sittichen, so dass dieses „einträgliche" Zuchtziel bei den hier beschriebenen Papageien keine Relevanz besitzt.

Ein Wort noch zu den Handaufzuchten, die in manchen Fällen leider nicht vermieden werden können. Gründe für eine Handaufzucht können die mangelhafte Fütterung der Jungvögel durch ihre Eltern sein, Verletzungen oder der Verlust beider Elternteile. Die Frage der Notwendigkeit beantwortet sich in derartigen Fällen von allein und die Handaufzucht ist somit (fast) immer gerechtfertigt. Werden die Jungvögel anschließend bestmöglich sozialisiert, müssen sie für spätere Zuchtversuche keinesfalls verloren sein. Die Motivation einiger Züchter besteht jedoch darin, den Heimvogelmarkt mit handaufgezogenen Papageien zu versorgen; daraus ergibt sich ein gewinnbringendes Geschäft. Die Papageiengelege werden in einem Inkubator erbrütet und die Küken nach dem Schlupf von Hand aufgezogen. Mitunter zeitigen die Elterntiere dann ein Folgegelege, was die Produktivität der „Zuchtpaare" erhöht. Entweder verfährt der Züchter mit diesem Gelege in gleicher Weise oder er entnimmt die Jungvögel im Alter von wenigen Wochen aus der Bruthöhle und zieht sie dann weiter von Hand auf. Die Jungvögel erfahren durch die mehrmals täglich stattfindenden Fütterungen durch den Züchter in der Regel eine irreversible Fixierung auf den Menschen. In der weiteren Folge entwickeln sich derartige Vögel zu zahmen und besonders anhänglichen Tieren. Allerdings können nach einigen Jahren, häufig mit Eintritt der Geschlechtsreife, Verhaltensauffäligkeiten auftreten, die den zuvor liebenswerten Vogel zum Schreier, Beißer oder auch Rupfer werden lassen. Unter den afrikanischen Papageien ist erfahrungsgemäß am meisten der Graupapagei von diesem züchterischen Handeln betroffen. Einzeltiere tauchen dann nach den beschriebenen Verhaltensanomalien wieder in den Inseraten der Fachzeitschriften auf oder werden in die Obhut von Verhaltenstrainern gegeben, die Abhilfe schaffen sollen. Hilft auch dies nicht, landen solche Vögel schließlich nicht allzu selten in sogenannten Papageienhäusern oder Auffangstationen, die mittlerweile allesamt voll sind von physisch und psychisch kranken Tieren, die kaum mehr vermittelbar sind.

Eine Aufzucht

durch die Eltern sollte immer ermöglicht werden; die Aufnahme zeigt junge Braunkopfpapageien.

Die artgemäße Haltung afrikanischer Papageien

Die Papageienhaltung in menschlicher Obhut war in den letzten Jahrzehnten einem tiefgreifenden Wandel unterworfen. Während noch bis Ende der 1960er Jahre (vielfach auch noch darüber hinaus) Papageien oftmals als Einzelvögel in Käfigen und auf Papageienständern gehalten wurden (übrigens auch in vielen Zoos, die die Vögel als „tönende" Aushängeschilder in ihrem Eingangsbereich präsentierten), setzten sich mit der Zeit andere Haltungsformen durch. Damit

Gruppenhaltung

von Graupapageien gelingt am besten in ausreichend großen Unterkünften

verbunden war auch ein Wandel des „Bildes vom Papageien" (Lantermann 1998b), das in den Köpfen vieler Vogelhalter vorherrschte: Zahm und „sprechend" sollten sie sein oder werden – dazu war eben die Einzelhaltung mit einer engen Bindung an den Pfleger das Mittel der Wahl. Die bei solchen Haltungsformen schnell auftretenden Verhaltensauffälligkeiten führten dann etwa zu Beginn der 1980er Jahre zu einem Sinneswandel sowohl in den Zoos als auch in vielen Privathaltungen. In den Zoos und Vogelparks wurden Freisitze und Kletterbäume (auf denen flügelgestutzte Vögel lebten) durch geräumige Gemeinschaftsvolieren oder Zuchtvolieren ersetzt, in denen die Vögel nun endlich Partner bekamen, fliegen und viele ihrer natürlichen Verhaltensweisen ausleben konnten. In der Folge sank die Rate der Verhaltensauffälligkeiten bei den Vögeln und wenig später stieg die Rate der Zuchterfolge – auch mit seltenen Arten.

In Privathand vollzog sich dieser Wandel nur sehr zögerlich und ist bis heute nicht vollständig abgeschlossen, da sich immer noch sehr viele Vogelhalter zahme und „sprechende" Einzelvögel wünschen und nicht selten von selbsternannten Fachleuten in Haltungsfragen falsch beraten werden. Für die Haltung in Privathand kommen meist handaufgezogene Vögel in Frage, bei denen methodisch die Prinzipien der Lernpsychologie eingesetzt werden (vgl. Lantermann & Pees 2010b). Insgesamt kann man feststellen, dass heute viele private Liebhaber ihre Papageien weitaus artgemäßer halten als noch Ende des vorigen Jahrhunderts. Viele neue Großanlagen sind mittlerweile auch in Privathand entstanden, und viele bemerkenswerte Zuchterfolge gehen auf das Konto von Liebhabern, die viel Zeit, Geld und Geduld in ihre Tiere investieren.

Allerdings ist die sogenannte „artgemäße" Papageienhaltung viele Jahre fast nur „aus dem Bauch heraus" betrieben worden. Was den Vögeln gut tut oder fehlt, welche Verhaltensweisen (noch) natürlich oder (schon) pathologisch sind, welche gar nicht auftreten (können), welche Ernährung die Richtige ist, welches Sozialsystem (Paarhaltung, Familiengruppe, Schwarm) in Menschenobhut imitiert werden sollte – all das ist aus dem Freiland für die meisten Arten nur annähernd bekannt. Und so waren die Papageienhalter viele Jahre fast ausschließlich auf dieses „Bauchgefühl" und viel eigene Erfahrung in der Vogelhaltung angewiesen. Mittlerweile ist man jedoch auch bei den Papageien dazu übergegangen, die Maßstäbe der von dem Schweizer Zoologen und Zoodirektor Heini Hediger (1908 – 1992) entwickelten Tiergartenbiologie (Hediger 1942, 1965) mehr oder weniger konsequent auf die Papageienhaltung anzuwenden.

Die Kriterien der Tiergartenbiologie

Ganz allgemein gesprochen, besteht die wesentliche Aufgabe der Tiergartenbiologie darin, die bestmöglichen Haltungsbedingungen für Wildtiere in Menschenobhut zu finden, die gleichzeitig praktisch durchführbar und langfristig zu gewährleisten sind. Eine wesentliche Erkenntnis dabei ist, dass gehaltene Tiere, die in Menschenobhut der Aufgabe der Nahrungssuche größtenteils enthoben sind, mit tausend- oder zehntausendmal kleineren Lebensräumen zurechtkommen als in freier Natur, wenn diese Lebensräume ansonsten alle wesentlichen Merkmale tragen und die substantiellen Bedürfnisse der Tiere zu erfüllen vermögen. Als Konsequenz bemüht sich die Tiergartenbiologie also nicht etwa darum, verkleinerte Abbilder natürlicher Lebensräume der Tiere zu schaffen, sonern versucht stattdessen, den in Menschenobhut lebenden Tieren „künstliche Territorien" zu bieten, die trotz starker Raumbeschränkung alle wesentlichen Bestandteile ihres natürlichen Territoriums aufweisen – nicht nur in räumlicher, sondern auch in sozialer Hinsicht (Hediger 1965).

Auf die Papageien übertragen, ergeben sich folgende fünf Kriterien, die als Maßstäbe einer als artgemäß geltenden Tierhaltung herangezogen werden können (mod. nach Dittrich 1985, 1986):

1. Optimale physische und psychische Kondition

Hier geht es um den Gefiederzustand, den Ernährungszustand und das Verhalten der Vögel, das jeweils ohne besondere Auffälligkeiten sein sollte. Zunächst wirkt sich natürlich eine Mangelernährung negativ auf Kondition und Gefiederzustand aus. Weiterhin begünstigen eine beengte Käfighaltung, Reizarmut und Langeweile Verhaltensauffälligkeiten, wie z.B. das Federrupfen. Das ist ein Anzeichen psychischen Unwohlbefindens, welches sich zunehmend auch schädigend auf das Gefieder und die gesamte körperliche Kondition auswirkt (vgl. Kriterium 5).

2. Hohe Lebenserwartung

Papageien sollten in Menschenobhut älter werden als in freier Wildbahn, weil hier natürliche

Goldbugpapageien

können ein hohes Alter erreichen.

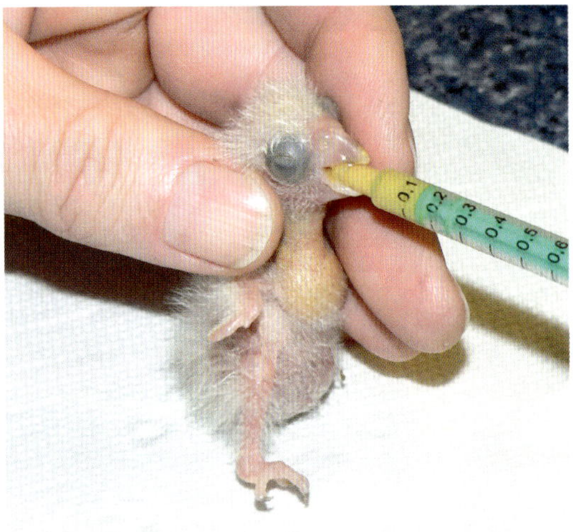

Handaufzucht

Zahlreiche Vögel wie dieses Mohrenkopfpapageienjunge werden für den Heimvogelmarkt aufgezogen

Feinde fehlen und die Suche nach Futter entfällt. Von einigen Graupapageien weiß man z.B., dass sie in Menschenobhut weit mehr als 25 Jahre alt geworden sind. Ein Graupapageien-Weibchen legte im Alter von 30 Jahren noch Eier, die jedoch unbefruchtet waren, so dass es zu keinem Aufzuchterfolg kommen konnte. Selbst die kleineren Langflügelpapageien können weit über 20 Jahre alt werden.

In diesem Zusammenhang muss auch die Fang-, Transport- und Quarantänepraxis bedacht werden, die heute allerdings kaum noch üblich ist, weil die Einfuhr von Papageien (in die meisten Länder der EU) mittlerweile untersagt ist. Diese Faktoren bewirkten, dass die Vögel oft krank und mit psychischen Störungen behaftet in die Hände der Halter gelangten. Häufig starben sie bereits innerhalb der ersten Wochen und Monate nach Verlassen der Quarantänestation.

3. Reproduktion

Die Forderungen dieses Kriteriums erfüllt nur ein Teil der in Menschenobhut lebenden afrikanischen Papageien. Zwar sind die Haltungsbedingungen, die in der Regel zu Zuchterfolgen führen, heute weitgehend bekannt, aber die Motive der Vogelhalter sind sehr unterschiedlich und oft gar nicht auf die Zucht ihrer Tiere ausgerichtet. Ein großer Teil der Graupapageien wurde importiert (und für den überwiegenden Teil der Nachzuchten gilt dies in gleicher Weise), um anschließend als Einzelvogel das Wohnzimmer eines Papageienhalters zu zieren. Sie stehen somit für den Reproduktionsprozess nicht zur Verfügung.

Aus tiergartenbiologischer Sicht sollte den Tieren allerdings die Möglichkeit zur Fortpflanzung gewährt werden. Gleiches gilt auch für die zunehmende Anzahl handaufgezogener Papageien, die genau für diese „Marktlücke“, nämlich die Einzelhaltung, „produziert“ werden. Ganz davon abgesehen, dass diese Vögel bereits in frühem Lebensalter für die Lebensweise des Menschen „sozialisiert“ und vollständig gezähmt werden, kommen bei bestimmten Aufzuchtmethoden auch Fixierungsprozesse hinzu, die eine spätere Verpaarung der Vögel mit Artgenossen kaum mehr zulassen oder ganz verhindern. Auch diese handaufgezogenen Vögel, deren Anteil im Zunehmen begriffen ist, stehen somit nicht mehr für den normalen Reproduktionsprozess zur Verfügung.

4. Immunstatus

Besonders die Haltung von Papageien in Sozialgruppen – so sehr dies den natürlichen Gegebenheiten freilebender Vögel entsprechen mag – bringt auf dem beengten Raum eines Käfigs oder einer Voliere häufig krankmachenden Stress für einzelne Individuen mit sich. Beispielsweise können sie in einer Volierengruppe an unterster Stelle in der „Rangordnung“ stehen und damit ständig von dominanten Tieren vom Futter abgedrängt werden. Zwei etwa gleichstarke Männchen können in ständige Rivalenkämpfe miteinander verwickelt sein, aber auch andere Faktoren, etwa Hunde, Katzen, Greifvögel oder Eulen, können in unmittelbarer Nähe der Papageienunterkünfte für Beunruhigungen sorgen. Diese und sicherlich viele weitere (und bislang unbekannte) Faktoren können in einem Haltungssystem für andauernden (sozialen) Stress der Bewohner sorgen. In der Folge sinken die Abwehrkräfte der betroffenen Tiere, sie werden anfälliger für Krankheitserreger jeglicher Art und können unter bestimmten Umständen sogar schwer erkranken. Diese sogenannten „Faktorenkrankheiten" stellen eines der größten Probleme bei der Paar- und Gruppenhaltung gesellig lebender Tiere dar.

Die Zusammenstellung von Paaren oder Sozialgruppen sowie die Größenbestimmung und die Gestaltung eines geeigneten Geheges erfordern vom Pfleger somit ein Höchstmaß an Kenntnissen und Erfahrungen, die sich u.a. aus dem sorgfältigen Studium der Literatur, vor allem aber aus systematischen Verhaltensbeobachtungen der Tiere ableiten lassen. – In wahllos zusammengewürfelten Papageienbeständen unterschiedlichster Arten, die zudem in kleinräumigen Volieren ohne Ausweich- und Versteckmöglichkeiten ihr Dasein fristen müssen, sind kranke Vögel und auch Todesfälle oft schon vorprogrammiert.

5. Ausbleiben von Verhaltensstörungen

Verhaltensstörungen waren – abgesehen vom überaus häufigen Federrupfen – bei Papageien bisher kaum genauer beschrieben, mittlerweile liegen erste Zusammenfassungen des Kenntnisstandes vor (vgl. Lantermann 1998d, Lantermann & Pees 2010b). Die bisherigen Kenntnisse führen zu der Annahme, dass eine beengte Käfighaltung, die damit verbundene Reizarmut und Langeweile in Verbindung mit einer fehlgeleiteten Tier-Mensch-Beziehung relativ häufig die verschiedensten Verhaltensmodifikationen und Verhaltensstörungen nach sich ziehen, die umgekehrt in gut ausgestatteten, großzügigen Volierenanlagen ausbleiben.

Praktische Umsetzung der tiergartenbiologischen Kriterien

Aufgrund der oben angeführten Kriterien ergeben sich somit für die Haltung afrikanischer Papageien nach tiergartenbiologischen Maßstäben aus Sicht der Verfasser folgende Problembereiche bzw. Anforderungen an ein adäquates Haltungssystem (mod. nach Lantermann 2012a):

Unterarten

sind nicht immer leicht zu unterscheiden; trotzdem ist es wichtig, seine Paare – hier Braunkopfpapageien (P. cryptoxanthus tanganyikae) – unterarten-rein zusammenzustellen.

Auswahl und Zusammenstellung der Vögel

Bei der Zusammenstellung künftiger Zuchtpaare ist auf die körperliche Konstitution, die Unterarten-Reinheit und den Status der jeweiligen Vögel zu achten. Während die erste Voraussetzung (körperliche Konstitution) relativ leicht überprüfbar ist (Gefiederzustand, Ernährungszustand, Flugfähigkeit usw.) treten schon bei der zweiten (Unterarten-Reinheit) u.U. Probleme auf. Zum einen sind die Unterarten der beiden Vasapapageien-Arten nicht einfach zu unterscheiden. Bei den Langflügelpapageien sind zum anderen besonders die diversen Unterarten des Goldbugpapageien nur für Spezialisten einwandfrei unterscheidbar. Das gilt umso mehr für die beiden anerkannten Unterarten *cryptoxanthus* und *tanganyikae* des Braunkopfpapageien und die Unterarten *rufiventris* und *pallidus* des Rotbauchpapageien, die nur in direktem Vergleich unterscheidbar sind. Auch die Mohrenkopfpapageien-Unterart *mesotypus* ist nicht immer einwandfrei von ausgefärbten Vögeln der Nominatform abgrenzbar. Kongopapageien sind in ihren vier Unterarten zwar einwandfrei unterscheidbar, allerdings betont Reinschmidt (2009), dass inzwischen oft Mischlinge der Unterarten angeboten werden, so dass auch hier Probleme auftreten können. Graupapageien werden mittlerweile in zwei Arten aufgespalten. Der größere „gewöhnliche" Graupapagei unterscheidet sich von der *timneh*-Form deutlich in Größe, Graufärbung, Schwanz- und Schnabelfärbung. – Die dritte Voraussetzung (Status) bezieht sich hier auf die Herkunft der Vögel als Importvogel, als Elternaufzucht oder Handaufzucht. Letztere kann, wenn keine ordnungsgemäße Sozialisation der Jungvögel erfolgt ist, zu Verpaarungsproblemen führen (vgl. Lantermann 1998d). Elternaufgezogene Jungvögel sind demnach bei allen hier besprochenen Arten zu bevorzugen – Wildfänge aus verschiedenen Gründen verpönt, aber auch so gut wie nicht mehr im Handel.

Zuchtanlage *für afrikanische Papageien bei R. Görn, Wittstock.*

Das Alter der zu erwerbenden Vögel spielt eine etwas untergeordnete Rolle. Am günstigsten erweisen sich in der Regel Verpaarungen von etwa gleichaltrigen Jungvögeln, aber auch adulte Tiere sind oftmals erfolgreich mit Artgenossen zu verpaaren, vor allem wenn es sich um elternaufgezogene Nachzuchten handelt (vgl. z. B. Lantermann 2012a).

Weiterhin stellt sich die Frage der Geschlechtsbestimmung. Graupapageien und Vasapapageien sind in beiden Geschlechtern gleich gefärbt und zeigen auch keine anderen äußerlichen Geschlechtsmerkmale. Auch Langflügelpapageien gehören in der Mehrzahl zu den gefiedermonomorphen Vogelarten, d. h. Männchen und Weibchen sind – abgesehen von Rotbauch-, Rüppells, Kap- und bedingt Graukopfpapageien – nicht an der Gefiederfärbung zu unterscheiden. Daraus folgt, dass heute durchweg Geschlechtsbestimmungen per DNA-Untersuchung vorgenommen werden sollten. Dazu genügt die Einsendung einer größeren Feder an ein spezialisiertes Labor. Bei dieser Gelegenheit können gleichzeitig auch Tests auf das Vorliegen von bakteriellen oder Viruserkrankungen (vor allem Psittakose, Circo- und Polyomavirus) vorgenommen werden. Im positiven Fall können diese Erreger ganze Bestände bedrohen und vor allem die aufkommenden Jungvögel in ihrer körperlichen Entwicklung beeinträchtigen oder töten.

Unterkunft und Volierenstandort

Eine tiergartenbiologisch einwandfreie Haltung schließt zunächst die Bereitstellung einer adäquaten Unterkunft ein. Dies ist in aller Regel eine kombinierte Volierenanlage mit Innenraum und Außenvoliere, die zumindest den Maßstäben des Sachverständigengutachtens über die „Mindesthaltungsanforderungen an die Haltung von Papageien" (Brücher et al. 1995) entsprechen, besser aber größere Maße aufweisen sollten. Für Grau- und Kleine Vasapapageien werden demnach Volierengrößen von 2 × 1 × 1 m pro Paar empfohlen, was aus unserer Sicht aber völlig unzureichend für diese großen Vögel ist. Die

Mindestmaße für Große Vasapapageien betragen nach diesem Gutachten 3 × 1 × 2 m (bei 2 m^2 Innenraumgrundfläche pro Paar). Volieren für Langflügelpapageien sollten für die kleineren Arten Mindestmaße von 2 × 1 × 1 m (L × B × H) bei einer Innenraumgrundfläche von 1 m^2 aufweisen. Für die größeren Arten Kongo-, Graukopf- und Kap-Papageien wären aus Sicht der Verfasser aber größere Unterkünfte (Volierenlänge 3 m und Innenraumgrundfläche 2 bis 4 m^2 pro Paar) angemessen.

Ein Schatten- bzw. Regendach in der Freivoliere ist notwendig, von Vorteil ist zudem ein ganzjähriger unbeschränkter Zugang zu Außen- oder Innenvolieren, damit die Tiere sich bei Bedarf zurückziehen können. Allerdings sind hier bei kalten Wintertemperaturen Grenzen gesetzt, denn die Haltungstemperatur im Winterhalbjahr sollte laut obigem Gutachten für alle hier behandelten Arten 10 °C nicht unterschreiten. Winterbrüter benötigen u.U. zusätzliche Wärmequellen an oder unter ihrem Nistkasten.

Der Volierenstandort ist entscheidend für die gelungene Anpassung der Vögel an das Haltungssystem. Da beinahe alle Wildfänge und viele elternaufgezogene Jungtiere der Grau- und Langflügelpapageien recht scheue und misstrauische Vögel sind, bedürfen sie einer sorgfältigen Eingewöhnung. Manche Tiere – vor allem adulte Wildfänge – bleiben u.U. fast lebenslang scheu, stör- und stressanfällig, andere gewöhnen sich schneller ein und werden bei Einhaltung eines gewissen Abstandes durch den Pfleger und beim Vorhandensein von Rückzugsmöglichkeiten mit der Zeit gelassener. – Verhaltensauffälligkeiten wie das Federrupfen, das oftmals bei Graupapageien, aber auch bei Graukopf- und Kap-Papageien sowie vielfach bei Tieren der *fantiensis*-Unterart des Kongopapageien zu beobachten ist, deuten darauf hin, dass bestimmte Stressfaktoren aber bislang noch nicht hinreichend bekannt und so vermeidbar sind, um die Vögel dauerhaft in psychischer Stabilität zu halten.

Papageien

wie dieser Graupapagei benötigen Beschäftigung; manchmal genügen dafür bereits Holzstücke.

Volierenausstattung

Mit Blick auf das Auftreten bzw. die Vermeidung von Verhaltensauffälligkeiten empfiehlt sich, eine Volierenausstattung zu wählen, bei der die Vögel zum einen ausreichend Beschäftigung finden und zum zweiten die Gelegenheit haben, sich hinter Trennwänden oder in Holzkästen zurückzuziehen. Insgesamt ist aber eine relativ konstante Ausstattung zu gewährleisten, denn neue Sitzstangen, Knabberäste mit viel Blättern oder umgestellte Futternäpfe lösen nach eigener Erfahrung bei manchen Tieren Stress aus und können dazu führen, dass sie stundenlang den neu gestalteten Innenraum oder die Außenvoliere meiden oder gar einen halben Tag lang keine Nahrung aufnehmen.

Grundsätzlich sind alle hier besprochenen Papageien empfänglich für dicke, morsche Äste, Obstbaumzweige oder auch für halboffene Holzkisten aus Weichholz zum Beknabbern. Sie benagen nach einer gewissen „Kennenlernphase“ auch gern am Gitter aufgehängte Maiskolben oder am Boden liegende Naturholzstämme (Weiden, Obstbaumholz). – Eine Badeschale wird von manchen Vögeln gern angenommen, sie sollte aber etwas erhöht stehen und fest fixiert sein.

Futter für afrikanische Papageien

Eine Auswahl an verschiedenen Futterkomponenten, die für afrikanische Papageien eingesetzt werden können.

Ernährung

Die Ernährung der Grau- und Langflügelpapageien ist heute keine Geheimwissenschaft mehr. Sie werden mit einer Samenmischung aus Sonnenblumenkernen, Kardi, Hafer, Weizen, Hirse u.a. und einem Grünpflanzen- und Obstanteil gefüttert, wie sie in der Papageienernährung allgemein üblich sind (Einzelheiten bei Lantermann 2006c sowie Hoppe & Welcke 2006). Verschiedene Firmen und Futtermittelhersteller bieten aus der Erfahrung der Verfasser gut geeignete Papageienzüchter-Mischung und auch ein spezielles Körnerfutter für Grau- und Langflügelpapageien an.

Vasapapageien haben etwas abweichende Nahrungsansprüche; sie scheinen eine gewisse Vorliebe für Obst, Gemüse und Grünpflanzen zu besitzen. Aber auch ihnen muss eine Samenmischung gereicht werden. Im Zoo Zürich wurden Kleine Vasapapageien dabei beobachtet, wie sie von der Rinde eines *Intia-bijuga*-Baumes fraßen, wie es die Tiere auch in Madagaskar tun. Die Rinde enthält ein nahrhaftes Öl. Regelmäßige Gaben von z.B. Äpfeln, Birnen und Möhren, dazu z.B. Spinat, Mangold, Löwenzahn und Vogelmiere runden auch bei den anderen afrikanischen Papageienarten die Nahrungspalette ab. Kurz vor und während der Zeit der Jungenaufzucht können die Tiere darüber hinaus an ein spezielles Aufzuchtfutter gewöhnt werden, das entweder aus gekeimter Saat und/oder einem handelsüblichen Eifutter besteht. Die Literatur nennt darüber hinaus zahlreiche Möglichkeiten, wie geeignetes Aufzuchtfutter selber hergestellt werden kann (z. B. Hoppe & Welcke 2006). Nahrungsergänzungen stellen Gaben von Futterkalk und Grit sowie gelegentliche Gaben eines flüssigen Multivitaminpräparates ins Trinkwasser dar.

Nistgelegenheiten und Zuchtpraxis

Graupapageien können zu fast allen Jahreszeiten brüten, manche sind sogar Winterbrüter. Bei akklimatisierten Wildfängen oder in Menschenobhut aufgewachsenen Vögeln beginnt das Brutgeschäft oftmals im April oder Mai, wenn in Mitteleuropa die Außentemperaturen steigen. Die Jungen schlüpfen dann einen knappen Monat später und wachsen in der warmen Jahreszeit heran. Graupapageien benötigen somit – außer bei Winterbruten – keine zusätzlichen Wärmequellen im Innenraum oder unter ihren Brutkästen.

Langflügelpapageien sind dagegen mehrheitlich Winterbrüter, einige Paare stellen ihren Brutrhythmus aber auf das Sommerhalbjahr um oder brüten zu unterschiedlichen Jahreszeiten. Für die

Winterbrüter, die oftmals zwischen November und Januar ihre Eier legen, muss das Winterquartier auf mindestens 10°, besser 15° C erwärmt werden. Zumindest Braunkopf- und Rüppells Papageien benötigen darüber hinaus eine zusätzliche Wärmequelle für den Nistkasten, da sonst der Bruterfolg gefährdet ist. Die Vögel hudern ihre Jungen nur für etwa drei Wochen, danach bleiben sie tagsüber oftmals stundenlang unbedeckt und verklammen bei zu niedrigen Temperaturen sehr schnell, verdauen nicht richtig und sterben schließlich. Eine Heizmatte (wie sie in der Reptilienhaltung verwendet wird) kann unter dem Brutkasten montiert werden. Als Provisorium ist auch die Verwendung eines Dunkelstrahlers geeignet, der auf einem Stativ (außerhalb der Voliere!) vor den Nistkasten platziert wird und den unteren Nistkastenbereich erwärmen sollte.

Nistkästen sollten aus dickem Naturholz (Format für die kleineren Arten ca. 20 × 20 × 30 cm, für die großen Arten ca. 25 × 25 × 40 cm, für Grau- und große Vasapapageien 25 × 25 × 60 cm) oder aus ausgehöhlten Naturstämmen (Durchmesser etwa 20/25 cm, Schlupflochdurchmesser 7 bis 10 cm) bestehen und können mit einer dicken Einstreuschicht Hobel- oder Sägespänen befüllt werden. Die Vögel lassen diese Einstreu manchmal im Kasten, manchmal wird sie auch weitestgehend wieder entfernt und die Tiere legen ihre Eier auf den bloßen Holzboden. Das scheint aber bei der Bebrütung und Aufzucht der Jungen kein Problem zu bedeuten. Nistkastenöffnungen zum Kontrollieren der Brut sind hilfreich, aber verleiten auch zu dauernden Störungen der Tiere. Die Jungen sind beim Schlupf stets deutlich durch ihre Bettellaute zu hören und müssen im Grunde nicht täglich kontrolliert werden. Wenn eine geschlossene Beringung mit den entsprechenden Artenschutzringen vorgesehen ist (offene Artenschutzringe bedürfen einer behördlichen Genehmigung!), muss der genaue Tag der Beringung abgepasst werden. Er liegt bei Vasa-, Grau-, Kap-, Graukopf- und Kongopapageien zwischen dem 15. und 20. Lebenstag, bei den kleineren Arten etwas früher.

Braunkopfpapageienweibchen

am Bruthöhleneingang

Die Nistkästen werden in der Regel in der Innenvoliere oder im überdachten Teil der Außenvoliere aufgehängt, möglichst hoch unter der Decke bzw. dem Volierendach. Manchmal kann es hilfreich sein, pro Paar zwei unterschiedliche Nistkästen zur Auswahl anzubieten. Haben die Vögel sich einmal entschieden, nehmen sie Jahr für Jahr den gleichen Kasten bzw. den gleichen Nistkastentyp wieder an. Nach der Brutsaison werden alle Nistkästen aus dem Gehege genommen, gereinigt, desinfiziert, repariert und für die nächste Zuchtsaison eingelagert. Nicht allzu selten benutzen die Papageien ihre Nistkästen – vor allem die dünnwandigen Holznistkästen – nur als Spiel- oder Beschäftigungsmaterial. Sie zerlegen sie, knabbern Seiteneingänge hinein, entfernen das Dach, aber legen keine Eier. Zumindest sind die Vögel in dieser Zeit aber beschäftigt und starten vielleicht erst im darauf folgenden Jahr mit dem Brutgeschäft.

Graupapageien

zeigen in Menschenobhut verschiedene Charaktere. Einige sind sehr scheu und andere zeigen Imponiergehabe beim Anblick des Menschen.

Ansonsten verläuft die Aufzucht junger Papageien – vor allem, wenn die Elterntiere schon bruterfahren sind – vielfach problemlos (Ernährungsergänzungen siehe unter „Ernährung"). Die Jungen der kleineren Arten verlassen den Nistkasten um den 60. Tag, bei Graupapageien, Kongopapageien, Kap- und Graukopfpapageien zwischen dem 70. und 90. Lebenstag. Eine bemerkenswert kurze Nestlingszeit weisen die Vasapapageien auf. Sie sind schon mit 35 bis 40 Tagen (Kleine Vasapapageien) bzw. etwa 50 Tagen (Große Vasapapageien) flügge. Wenig später sind die Jungtiere selbständig, können aber oftmals bis zu einem Jahr (oder bis zur nächsten Brut) bei ihren Eltern belassen werden. Dies hat Vorteile für die Sozialisation der Jungtiere. Sollten Aggressionen der Eltern gegen die Jungen beobachtet werden, muss natürlich eingegriffen und eine Trennung vorgenommen werden. In diesem Fall ist es hilfreich, wenn die Jungen zunächst mit anderen Artgenossen oder auch Jungtieren anderer Paare vergesellschaftet werden können. Nach den Erfahrungen der Verfasser sind die Nachzuchten einiger Arten – wenn sie nicht schon bei Nistkastenkontrollen den Züchter kennengelernt haben – beim Ausfliegen scheu und ungestüm. Das legt sich erst nach einigen Wochen etwas, aber eine bemerkenswerte Fluchtbereitschaft bleibt fast immer bestehen. Jungvögel, die zum Teil (z. B. in der letzten Nestlingsphase) oder vom Ei an handaufgezogen werden, scheinen dagegen deutlich besser an die Volierenverhältnisse angepasst und mit dem Pfleger vertrauter zu sein als elternaufgezogene Jungtiere (vgl. z. B. Sohn 1989).

Vogelpflege

Wie bereits zuvor erwähnt, sind viele Grau- und Langflügelpapageien – vor allem Wildfänge und viele elternaufgezogenen Jungtiere – nach den Erfahrungen der Verfasser in der Volierenhaltung recht scheue und schreckhafte Tiere, es sei denn, es handelt sich jeweils um Handaufzuchten. Da heute vielfach oder überwiegend Handaufzuchten im Handel sind, wandelt sich das damalige Bild von den überaus scheuen und ängstlich krächzenden importieren Grau- und Mohrenkopfpapageien, das früher in jeder Zoohandlung und vor allem bei den Importeuren zum täglichen Bild gehörte. Die nachgezogenen Vögel sind meist deutlich ruhiger, aber auch unter ihnen gibt es viele sehr zurückhaltende oder schreckhafte Vögel. Sie lernen zwar, während des Fütterns ruhig auf ihren möglichst weit vom Pfleger entfernten Ästen sitzen zu bleiben, geraten aber oftmals in Panik, wenn diese Entfernung unterschritten wird, die Volierentür geöffnet wird, neue Knabberäste eingebracht werden oder sauber gemacht wird. Viele Tiere fliegen dann laut schreiend auf den Volierenboden und drücken sich in eine Ecke, bis die „Gefahr" vorüber ist. Größere Eingriffe und Säuberungsaktionen sollten deshalb möglichst auf das Sommerhalbjahr verschoben werden, denn dann können die Vögel auf die Innen- bzw. Außenvoliere ausweichen und der Stress wird vermindert. Jede Neuerung, jede Veränderung, z. B. das unbeabsichtigte Vertauschen der Reihenfolge von Futter- und Wassernäpfen oder das Einbringen neuer Beschäftigungsgegenstände oder frischer Zweige, kann Irritationen bei den Tieren auslösen.

Vasapapageien sind hinsichtlich ihrer Haltungsansprüche unkompliziert. Für die warme Jahreszeit sollte ihnen eine Freivoliere zur Verfügung stehen, die die Sonnenstrahlen ungehindert an die Vögel lässt, denn Vasapapageien nutzen heiße Sommertage oft für ein ausgiebiges Sonnenbad. Diese Papageien halten sich allerdings auch während der Winterzeit für lange Zeit des Tages im Freien auf.

Erkrankungen der Langflügelpapageien

Gut eingewöhnte Grau-, Vasa- und Langflügelpapageien sind in Menschenobhut recht robuste Vögel, die nur wenig krankheitsanfällig sind und oftmals ein hohes Lebensalter erreichen. Die bei anderen Arten immer wieder auftretenden Atemwegserkrankungen, Verdauungsstörungen und Parasitenbefall (Endo- und Ektoparasiten) spielen in der Grau-, Vasa- und Langflügelpapageienhaltung bei der Einhaltung eines Grundmaßes an Hygiene so gut wie keine Rolle. Sollte dennoch auch bei sorgfältigster Pflege einmal ein Tier erkranken, ist die Konsultation eines Fachtierarztes für Zier- und Wildvogelkrankheiten in der Regel unerlässlich. Zur ersten Orientierung darf an dieser Stelle auf die aktuelle Übersicht der häufigsten Papageienkrankheiten von Pees (2010) hingewiesen werden.

Ein ernstes Problem stellen auch für die afrikanischen Papageien die „neuen" Viren dar. So spielen vor allem Circoviren, die als Auslöser der „Psittacine Beak and Feather Disease" (PBFD) gelten, und Polyomaviren (APV) als Auslöser der „Französischen Mauser" inzwischen auch in der Papageienhaltung eine nicht zu unterschätzende Rolle. Circo- und Polyomaviren beispielsweise können ganze Zuchtprojekte zunichte machen. Die Erkrankung führt letztendlich dazu, dass entweder die Nestlinge nur wenige Wochen alt und nicht flügge werden oder gerade ausgeflogene

Timneh-Graupapagei

Das Federrupfen muss in der Regel als psychische Störung eingestuft werden, kann jedoch auch krankheitsbedingte Ursachen haben.

Das erste private Zuchtprojekt

wurde in Deutschland für Vasapapageien initiiert; hier ein Kleiner Vasapapagei.

Jungvögel plötzlich sterben oder kurz nach dem Ausfliegen einen Teil ihres Großgefieders verlieren. Auch zeigen sich in manchen Nestern gesunde neben kranken Jungvögeln, denen über einen Zeitraum von mehreren Monaten dann die Federn am gesamten Körper ausfallen. Altvögel sind von den Viruserkrankungen insofern weniger betroffen, als sie in der Regel keine klinischen Symptome zeigen, aber dennoch Überträger der Viren sind. Eine ursächliche Behandlung gibt es derzeit in Europa nicht. Züchter mit betroffenen Beständen haben nur die Wahl, ihre Vögel ausnahmslos zu töten oder die Zucht auszusetzen und die klinisch symptomlosen Altvögel ohne Zuchtambitionen weiter zu pflegen. In diesem Fall ist eine Weitergabe der Tiere, auch der Jungvögel, ausgeschlossen und ein Zukauf neuer Tiere nicht ratsam.

Zuchtprojekte

Gerade bei der Zucht von afrikanischen Papageien in menschlicher Obhut hat sich in den zurückliegenden Jahren eine Entwicklung vollzogen, die zuvor nur unter Leitung wissenschaftlich geführter Zoos oder Vogelparks denkbar war. So entstanden allein in Deutschland mehrere Zuchtprojekte für ganze Vogelgattungen der afrikanischen Avifauna. Die Initiatoren derartiger Projekte erarbeiteten aus den jeweils unterschiedlichen Voraussetzungen ein Konzept, das schnellstmöglich eine große Zahl begeisterter Züchter spezieller Papageienarten zusammenführen und mit ihren Vögeln zur Teilnahme bewegen soll.

Vorbild für diese Initiativen waren hierzulande dabei stets die Europäischen Erhaltungszuchtprogramme (EEPs) der zoologischen Einrichtungen, deren Arbeitsweise und auch Zielsetzung. Die EEPs sind eine der Hauptaktivitäten des Europäischen Zooverbandes (EAZA), denen sich neben zoologischen Einrichtungen in Einzelfällen und unter bestimmten Bedingungen auch Privatpersonen anschließen können. Anfangs war die Zielsetzung dieser Bemühungen in den Zoos, ausgewählte Tierarten auch ohne den Erwerb von weiteren Wildfängen dauerhaft mit hinreichender genetischer Vielfalt zu erhalten. Seit etwa 20 Jahren verschiebt sich der Schwerpunkt mehr zur Erhaltung vom Aussterben bedrohter Arten. Für jede Tierart führt ein lokaler Koordinator ein Zuchtbuch der Zoopopulation. Er gibt Verpaarungsempfehlungen, um eine optimale genetische Diversität aufrechtzuerhalten und Inzucht zu vermeiden. Ziel ist es, dass in den Zoos eine gesunde, sich selbst erhaltende Gehege- oder Volierenpopulation entsteht, aus der im Bedarfsfall Tiere wieder ausgewildert werden können, um die wild lebende Population zu stärken. Derzeit gibt es über 150 EEPs und etwa 140 Europäische Zuchtbuchprogramme (ESB), die eine weniger intensive Variante eines EEP darstellen. Kein EEP oder auch ESB betreut derzeit jedoch eine afrikanische Papageienart.

Grundsätzlich sind in EEPs keine Privatpersonen zugelassen, aber im Vogelbereich werden hin und wieder Ausnahmen gemacht. Die Teilnahme von Privatpersonen ist abhängig von der Tierart, dem Koordinator und den Züchtern. Leider sind aber nur sehr wenige Privathalter dazu bereit, sich mit ihren Vögeln einem EEP anzuschließen, da sie kommerzielle über artenschützerische Belange stellen. Vor dem gleichen Problem hätten die privat geführten Initiativen gestanden, wenn die Vögel bei Teilnahme von Privatzüchtern in den Besitz des Projektes übergegangen wären.

Seit einigen Jahren existieren privat geführte Projekte; derartige Bestrebungen werden international als CBP (= Cooperative Breeding Programme) bezeichnet. Innerhalb der Privatinitiativen hat man sich dazu entschlossen, die Vögel im Besitz der Privathalter zu belassen. Die Zielrichtungen der Bemühungen sind jedoch die gleichen wie bei den EEPs: Der Erhalt der genetischen Diversität und der Fortbestand einer gesunden Population sind oberste Ziele. Bei den afrikanischen Papageien ist es so geregelt, dass ein Koordinator die Zuchtbuchführung übernimmt. Er gibt die Datensätze von jedem registrierten Vogel in ein spezielles Computerprogramm ein. Hierzu gehören auch Daten der Elterntiere, soweit diese bekannt sind, um letztendlich eine Ahnentafel für jeden teilnehmenden Vogel erstellen zu können. Das Computerprogramm macht es möglich, bei geplanten Neuverpaarungen einen Inzuchtkoeffizienten errechnen zu lassen, mit dessen Hilfe die bestmögliche Verpaarung zum Erhalt der genetischen Vielfalt innerhalb der Population errechnet wird. Der Koordinator gibt darauf basierend Empfehlungen für Neuverpaarungen, die möglichst sogar auf Unterartenebene stattfinden. Insbesondere bei den gegenwärtig bestehenden Zuchtprojekten für die afrikanischen Papageienarten werden von einem Koordinator gleich alle Arten einer Gattung betreut. Bei einigen Arten besteht die Gründerpopulation aus nur wenigen Ausgangstieren, wie beispielsweise beim Rüppells Papagei. Hier taucht darum auch immer wieder einmal die Frage auf, ob es bei einer derart geringen Anzahl der zur Verfügung stehenden Individuen einer Art über einen gewissen Zeitraum nicht automatisch zu Gendefekten kommen muss. Ausschließen kann man Derartiges natürlich nicht. Generell werden aber Geschwister- und Verwandtschaftsverpaarungen vermieden, obwohl das Gen-Reservoir eines Wildvogels bedeutend breiter gefächert ist als beispielsweise bei Nutz- und Haustieren, bei denen diese Gen-Merkmale gezielt vom Menschen reduziert wurden.

Die Vermittlung der registrierten Vögel erfolgt unter den beschriebenen Aspekten zuerst bei den

Südafrikanischer Goldbugpapagei

Ein Zuchtprojekt für Langflügelpapageien entstand im Jahre 2005.

Der Timneh-Graupapagei

gehört zu den Arten, für die dringend ein Zuchtprojekt benötigt wird.

Projektteilnehmern, und nur wenn in dem Teilnehmerkreis über eine gewisse Zeit keine Weitervermittlung stattfinden konnte, werden die entsprechenden Vögel auch außerhalb des Projektes angeboten. Die neuen Besitzer dieser Tiere werden dabei gebeten, sich ebenfalls an dem Zuchtprojekt zu beteiligen, um so die Gesamtpopulation weiter zu vergrößern. – Im Laufe der Jahre sind auch zahlreiche Zoos Teilnehmer dieser Initiativen geworden.

Innerhalb der deutschen Vogelzüchtervereinigung VZE existieren derzeit drei Zuchtprojekte für die afrikanische Papageien (Stand: Februar 2013). 2001 wurde das Europäische Zuchtprojekt für Vasapapageien gegründet, in dem derzeit 190 Individuen registriert sind (Asmus 2003a, b). 2005 folgte dort ein Zuchtprojekt für Langflügelpapageien, das im Jahr 2008 leider aufgelöst wurde, weil sich die damaligen Koordinatoren aufgrund interner Streitigkeiten von der VZE abspalteten. 2009 entstand in den Reihen der VZE ein Europäisches Zuchtprojekt für *Agapornis*-Arten, in dem derzeit über 500 Individuen fast aller Arten der Unzertrennlichen gelistet sind. Bei diesem Projekt wurden nationale Zweigstellen in fünf europäischen Ländern gegründet, die im jeweiligen Land den Kontakt zu Teilnehmern pflegen. Die Erfassung aller Vögel dieses Projektes und die Leitung der Initiative erfolgt in Deutschland (Asmus 2010 a, b, 2012). Im Jahr 2010 kam es auf Wunsch mehrerer Züchter zu einer Neuauflage des Langflügelpapageien-Projektes, das sich fortan *Poicephalus*-Zuchtbuch der VZE nennt und auf den deutschen Raum beschränkt ist. Hier waren zum Jahresende 2012 bereits 1310 Individuen von sieben *Poicephalus*-Arten registriert (Kock, briefl. Mitt.). Somit existieren innerhalb Deutschlands augenblicklich zwei Zuchtprojekte für Langflügelpapageien – sinnvoll wäre aber ein Zusammenschluss beider Initiativen.

Nicht nur die Koordinierung der gemeldeten Vögel ist ein Schwerpunkt der Arbeit innerhalb solcher Zuchtprojekte. Auch der ständige Kontakt zu Wissenschaftlern, die über afrikanische Papageien arbeiten, ist eine wichtige Voraussetzung für das Gelingen derartiger Unternehmungen. Dazu zählen nicht nur die Freilandbiologen, die ihre Arbeit vor Ort in den Verbreitungsgebieten der hier beschriebenen Vögel durchführen. Vielmehr sind es auch Biologen in den zoologischen Einrichtungen Europas oder Wissenschaftler in den naturhistorischen Museen auf der ganzen Welt. Die VZE unterhält zum Beispiel einen wissenschaftlichen Beirat mit äußerst engagierten Mitgliedern. So sind etwa auch Bernd Mar-

Die Stabilisierung der Bestände

hat bei der Projektarbeit oberste Priorität. Hier ein Braunkopfpapagei-Jungvogel.

cordes (Kurator für Vögel im Zoo Köln und zuvor Kurator im Vogelpark Walsrode), Prof. Mike Perrin (weltweit anerkannter Spezialist auf dem Gebiet afrikanischer Papageien aus Südafrika) sowie Dr. Till Töpfer (Kurator der Sektion Ornithologie am Zoologischen Forschungsmuseum Alexander König in Bonn) Mitglieder dieses Gremiums. Auch Kontakte zu Papageienschutzorganisationen prägen die Arbeit innerhalb der Zuchtprojekte; so konnte in der Vergangenheit auch finanzielle Unterstützung für die Durchführung von Forschungsprojekten geleistet werden.

Für Außenstehende stellt sich oft die Frage, ob das Ziel der Privatinitiativen gleichzusetzen sei mit dem der EEP. Im Allgemeinen ja, obwohl die privat geführten Zuchtprojekte (bei den afrikanischen Papageien) sich bislang mit keiner Spezies befassen, die unmittelbar vom Aussterben bedroht ist. Warum soll man also Arten in Menschenhand erhalten wollen, deren Aussterben binnen kürzester Zeit kaum zu befürchten ist? Niemand ist heutzutage in der Lage, die Entwicklung von Freilandpopulationen jeder Tierart lückenlos zu verfolgen, geschweige denn in dem eigentlich zu erwartenden Maß in die anhaltende Lebensraumzerstörung an vielen Orten der Erde einzugreifen. Im Artenteil dieses Buches gehen wir als Verfasser immer wieder auf die Situation der einzelnen Spezies in ihren Heimatgebieten ein. Bei einigen Papageienarten beziehungsweise Unterarten des afrikanischen Kontinents ist die Populationsentwicklung der vergangenen Jahre mit großer Sorge zu betrachten. Obwohl noch keine afrikanische Papageienart direkt vom Aussterben bedroht zu sein scheint, sollten bereits frühzeitig geeignete Maßnahmen eingeleitet werden, um auf alle Eventualitäten vorbereitet zu sein. Warum soll man also auf die Höherstufung einer Spezies auf der Roten Liste warten? Aus dieser Sichtweise macht in Zukunft beispielsweise auch ein Zuchtprojekt für den Timneh-Graupapagei Sinn, solange die Art in Menschenhand noch in ausreichend großer Zahl vorkommt und in ihrer Heimat immer weiter abnimmt.

Bei Rüppells Papageien

sind die Geschlechter gut zu erkennen: links das Weibchen mit Blau auf dem Unterbauch und den Schenkeln.

Die Zucht afrikanischer Papageien

Voraussetzungen für die Zucht

Die Zucht afrikanischer Papageien gelingt nicht immer sofort mit dem erhofften Erfolg. Dies kann verschiedene Gründe haben, die oft nicht im Einfluss des Menschen liegen. Allerdings muss der Züchter einige Gegebenheiten beachten, um eine erfolgreiche Vermehrung der einen oder anderen afrikanischen Papageienart zur Realität werden zu lassen.

Eine wichtige Grundvoraussetzung ist die Aneignung von ausreichendem Wissen über die Haltung, Ernährung und auch Zucht der gewünschten Papageienart. Dies kann durch ein eingehendes Studium der inzwischen reichhaltigen Fachliteratur, durch einen Blick in die Zuchtberichte in der Züchterliteratur und durch fachlichen Austausch mit Haltern und Züchtern afrikanischer Papageien geschehen. Des Weiteren sollte dem Züchter die Verfahrensweise bekannt sein, die beim Ausbruch einer Krankheit bei einem seiner Vögel oder gar mehreren Tieren zu beachten ist. Er sollte also über eine ausreichende Sachkunde verfügen und auch nach der Anschaffung der Papageien nicht aufhören, sich mit diesen Themen zu befassen. Die Vögel dürfen niemals Gegenstand einer halbherzigen Freizeitbeschäftigung werden, und man sollte sich auch nach der Anschaffung eingehend mit der Erfüllung der Grundbedürfnisse seiner Pfleglinge beschäftigen und sie ihnen auch gewähren. Auf die Grundlagen der Haltung und Ernährung wurde in dieser Publikation bereits eingegangen. Widmen wir uns nun den Voraussetzungen, die für eine Zucht afrikanischer Papageien notwendig sind.

In einem vorangegangenen Kapitel wurde bereits auf die Zusammenstellung von Paaren der gleichen Unterart hingewiesen und dass es mitunter sogar Spezialisten große Schwierigkeiten bereiten kann, Vögel einiger Unterarten zweifelsfrei als solche zu bestimmen. Hier stößt der ernsthafte Züchter schnell an seine Grenzen und kommt sicherlich kaum um ein Studium der Fachliteratur und der Einholung von Ratschlägen bei den Fachleuten umhin. Bei Arten, die keinen Geschlechtsdimorphismus aufweisen, bei denen also Männchen und Weibchen gleich gefärbt sind, sollten die angehenden Partner nahezu identisch in ihrem äußeren Erscheinungsbild sein. In einem solchen Fall kann die Frage der Unterartzugehörigkeit auch zu einem späteren Zeitpunkt geklärt werden. Schwierig wird es jedoch, wenn man gerade jetzt Unterartenmischlinge erworben hat.

Eine Voraussetzung für die Zucht von Papageien ist zunächst das Vorhandensein eines garantierten Paares. Bei den unterschiedlich gefärbten Geschlechtern einiger Arten unter den afrikanischen Papageien dürfte dies keine große Schwierigkeit darstellen. Anders ist es bei monomorph gefärbten Artgenossen, wo die Geschlechter nicht zu erkennen sind. Früher haben sich Züchter in solchen Fällen immer an der Größe des Einzelvogels beziehungsweise von Körperteilen, an den Verhaltensweisen oder den Farbnuancen der Tiere orientiert und auf diese Weise versucht, die Geschlechter zu bestimmen. Allerdings trafen diese Einschätzungen nicht immer zu und gelegentlich wartete der Züchter jahrelang vergeblich auf ein Gelege bei zwei verpaarten Männchen oder ein befruchtetes Gelege bei zwei Weibchen.

Noch vor wenigen Jahren war die Endoskopie die gängige Methode zur Geschlechtsbestimmung; ein kleiner operativer Eingriff, vor dem der Vogel mittels einer kurzen Inhalationsnarkose betäubt wird. Durch einen etwa 3 mm langen Haut- und Muskelschnitt wird durch einen erfahrenen Tierarzt ein Endoskop in die Bauchhöhle eingeführt, um die dort sichtbaren Organe zu untersuchen und zu beurteilen; hierbei lässt sich dann auch das jeweilige Geschlecht des untersuchten Individuums feststellen. Neuerdings hat sich mit der DNA-Analyse eine weitere Methode der Geschlechtsbestimmung etabliert, die mit noch größerer Genauigkeit feststellen kann, ob es sich bei dem untersuchten Vogel um ein Männchen oder Weibchen handelt. Die DNA-Analyse bietet eine Möglichkeit, den operativen Eingriff der Endoskopie zu umgehen, indem lediglich eine oder mehrere Federn des jeweiligen Vogels zu einer genetischen Geschlechtsanalyse in ein darauf spezialisiertes Institut geschickt werden. Zusätzlich kann über diese Verfahrensweise auch festgestellt werden, ob der Vogel Träger der gefährlichen Polyoma- oder Circoviren ist. Für alle Untersuchungsmethoden erhält der Auftraggeber ein Zertifikat, auf dem die Vogelart, die Kennzeichnung (Ringnummer, Transponder) und schließlich das Ergebnis der Geschlechtsbestimmung vermerkt sind.

Selbstverständlich sollte man nur Männchen und Weibchen für eine Zucht verwenden, die aus verwandtschaftsfernen Verpaarungen hervorgegangen sind, um Inzuchtdegenerationen weitestgehend zu vermeiden. Um dies festzustellen, sollte man sich eventuell mit einem der Zuchtprojektkoordinatoren für afrikanische Papageienarten in Verbindung setzen. In den Datenbanken dieser Initiativen wird man eventuell sogar bei projektfremden Vögeln Hinweise auf mögliche Verwandtschaftsverhältnisse bekommen.

Mohrenkopfpapageien

Es sollten nur verwandtschaftsferne Tiere miteinander verpaart werden.

Mitunter werden in den Inseraten bewährte Zuchtpaare zum Kauf angeboten. Bei derartigen Angeboten ist immer Vorsicht angebracht. Kaum ein Züchter wird normalerweise ein erfolgreiches Paar abgeben. Hier sollte der Interessent sich die Abgabegründe genau erläutern lassen und dann ihren Wahrheitsgehalt selbst einschätzen. Ebenso sollte verfahren werden bei Angeboten bereits älterer Papageien. Gut beraten ist derjenige, der junge Papageien erwirbt und diese bereits im Jugendalter miteinander vergesellschaftet. Diese Vögel wachsen gemeinsam auf und erleben miteinander den Eintritt ihrer Geschlechtsreife. Am besten findet die Partnerwahl jedoch in einer größeren Gruppe statt, wo sich die Paare unter einigen Individuen der gleichen Art oder Unterart selbst finden können.

Junge Kongo-Papageien

Im Idealfall werden zur Zucht junge Vögel miteinander verpaart.

Sobald ein neu zusammengestelltes Paar die zukünftige Unterkunft bezieht, muss es in den Folgetagen genauestens und unauffällig beobachtet werden. Die Tiere sollten bereits nach einigen Minuten des Zusammenseins ein einfaches harmonisches Verhalten zeigen, größere Distanzen der beiden Papageien zueinander sich innerhalb einiger Tage verkleinert haben und eventuell auftretende Beißereien keinesfalls an der Tagesordnung sein. Insbesondere in der ersten Zeit muss der Züchter bei ernsthaften Auseinandersetzungen sofort in der Lage sein einzugreifen, um schwerwiegende Verletzungen oder gar Todesfälle zu verhindern.

Harmonieren die Partner schließlich, müssen die Papageien für eine erfolgreiche Zucht eigentlich nur noch die Geschlechtsreife erreichen. Die Zeiträume bis zum Eintritt der Geschlechtsreife werden bei den jeweiligen Arten oft verschieden angegeben und stellen kein Richtmaß dar. Im Alter von zwei Jahren kann man dem zukünftigen Paar durchaus eine Bruthöhle zur Verfügung stellen, wenn zu diesem Zeitpunkt keine gesundheitlichen Beeinträchtigungen beim Männchen oder Weibchen erkennbar sind. Kranke Vögel dürfen nie zur Fortpflanzung animiert werden!

Die Bereitstellung einer Nisthöhle ist eine wichtige Voraussetzung für die Zucht dieser Vögel. Alle afrikanischen Papageienarten sind Höhlenbrüter, sodass auch keine anderen Nisthilfen bei der geplanten Zucht dieser Vögel Verwendung finden sollten. Am besten bietet man dem Paar zwei oder drei unterschiedliche Nisthöhlen-Varianten an. Zu bedenken ist, dass viele afrikanische Papageien in den hiesigen Wintermonaten zur Fortpflanzung schreiten. Dieses Verhalten lässt sich kaum beeinflussen. Demzufolge sollte der Innenraum, in dem sich die Nisthöhlen befinden, unbedingt beheizt werden können, um die Brut und spätere Aufzucht der Jungvögel nicht zu gefährden.

Nicht immer verläuft die Zucht von afrikanischen Papageien ohne Probleme; der Züchter kann einige Rückschläge erfahren, die er im Voraus nicht immer im entsprechenden Maße beeinflussen kann. So kann beispielsweise die Legenot bei einem zu späten Erkennen tödlich für das Weibchen enden und ihn die unzureichende Bebrütung des Geleges oder die mangelhafte Fütterung des Nachwuchses zu Maßnahmen zwingen, um das Gelege oder den Nachwuchs zu retten. Auf Derartiges sollte man vorbereitet sein. So können beispielsweise vernachlässigte Gelege oder Jungvögel bei ebenfalls brütenden oder Jungvögel versorgenden Artgenossen untergelegt werden. Über erfolgreiche Ammenaufzuchten wurde hin und wieder berichtet. Eventuell funktioniert dies auch unter verschiedenen Angehörigen der gleichen Gattung. Jedoch werden nur wenige

Züchter gerade zu dieser Zeit ein weiteres brütendes oder Jungvögel betreuendes Paar in ihrem Bestand haben. Hier helfen dann nur noch ein guter Brutapparat zum Erbrüten des Geleges sowie die erforderliche technische Ausrüstung und das nötige Wissen über eine erfolgreiche Handaufzucht. Eventuell kann man dieses Problem anfangs auch einem erfahrenen Züchter aus dem Umfeld übergeben. Jedoch sollte eine Handaufzucht von Papageienvögeln nur im äußersten Notfall erfolgen und der so aufwachsende Papagei in frühester Zeit den Erfordernissen entsprechend sozialisiert werden.

Nisthöhlen

Um afrikanische Papageien zu züchten, muss dem angehenden Zuchtpaar eine geeignete Nistmöglichkeit angeboten werden. Nistkästen oder auch Naturstammnisthöhlen lassen sich mit entsprechenden handwerklichen Fähigkeiten selbst herstellen oder sind über den Fachhandel zu beziehen. Erhebliche preisliche Unterschiede zeigen sich oft schon nach ersten Vergleichen der Anbieter. Insbesondere bei den Herstellern von Naturstammnisthöhlen bewegt sich der Preis schnell im dreistelligen Eurobereich. Abhängig ist dies für die von der Standardausführung abweichenden Arbeitsleistungen oder von zusätzlichem Gerät, wie beispielsweise einer installierten Nisthöhlenkamera oder einer seitlichen Kontrollöffnung. Für die kleineren afrikanischen Papageienarten bewegen sich die Preise für Standard-Naturstammnisthöhlen jedoch bei etwa 30 Euro bei einer Lieferung frei Haus.

Bei industriell hergestellten Naturstammnisthöhlen wird in einem Baumstamm geeigneter Stärke eine im Durchmesser ausreichende Bohrung vorgenommen, die später das Höhleninnere bildet. Diese sollte für afrikanische Papageien in der Größe von Mohrenkopfpapageien wenigstens 22 cm betragen. Am Höhlenboden verhindert eine Mulde ein Auseinanderrollen des Geleges. Etwas über dem Höhlenboden wird auf

Naturstamm-nisthöhlen

werden aufgrund der langen Lebensdauer für die Langflügelpapageienzucht gern benutzt.

Wunsch eine Kontrollöffnung eingearbeitet, die eine tägliche Nisthöhlenkontrolle zulässt, ohne die Bruthöhle ständig von der Wand nehmen zu müssen. Oben bildet ein ca. 5 cm dicker Deckel den Abschluss, der als Scheibe zuvor von dem ausgehöhlten Baumstamm abgetrennt wird. Die Höhe für Nisthöhlen der kleineren afrikanischen Papageienarten sollte ungefähr 45 cm betragen. Im oberen Drittel der Bruthöhle befindet sich das Schlupfloch, das für Mohrenkopfpapageien und ähnlich große Arten circa 8 cm im Durchmesser betragen sollte. In den Höhlenboden, dem Deckel und auch dem Höhlenrand werden von den meisten Herstellern Welleisen eingeschlagen, um im Laufe der Zeit Rissbildungen an diesen Stellen zu verhindern und eine lange Verwendungsdauer zu gewährleisten. Besonders hohe Nisthöhlen sollten an der Innenwand mit einer Kletterhilfe aus Draht versehen werden, um zu vermeiden, dass die Eltern direkt vom Schlupfloch auf das Gelege oder die Jungvögel springen. Für stark

Nisthöhlen

Große Vasapapageien

sind in der Regel hinsichtlich ihrer Bruthöhle nicht wählerisch.

nagende Arten, wie beispielsweise Graupapageien, sollten unbedingt Hartholzsorten bei der Verarbeitung Verwendung finden. Größere Arten, wie Vasapapageien, Graupapageien, Kongopapageien oder auch Graukopfpapageien benötigen etwas größere Bruthöhlen. Diese sollten einen Innendurchmesser von etwa 30 cm besitzen und eine Höhe von circa 60 cm. Beim Schlupfloch genügt ein Durchmesser von 10 cm.

Mitunter ergibt sich die Möglichkeit, eine Baumhöhle kostengünstig direkt aus der Natur zu beschaffen. Hierfür bieten sich verlassene Spechthöhlen oder auch Baumstämme an, in denen sich natürliche Höhlen gebildet haben. Den Ansprüchen der Art entsprechend müssen vom Züchter dann nur noch einige Restarbeiten durchgeführt werden, um eine geeignete Bruthöhle entstehen zu lassen. Viele Papageienarten benagen nach der ersten Inspektion des Höhleninneren das Schlupfloch, die Innenwände und auch den Boden der Niststätte ihren Wünschen entsprechend. Hierbei fallen Späne an, die als Gelegeunterlage auf dem Höhlenboden belassen werden können. Dennoch ist auch eine Einstreu von circa 10 cm Stärke erforderlich. Hierfür können Holzhäcksel und Hobelspäne Verwendung finden, ebenfalls wieder von chemisch unbehandelten Materialien.

Die Grundmaße der Naturstammnisthöhlen sind im Prinzip auch auf die weit verbreiteten Nistkästen zu übertragen. Bei der Auswahl der geeigneten Holzsorten ist selbstverständlich auch bei der Herstellung von Nistkästen zu achten, zudem sollten die verwendeten Bretter eine Stärke von mindestens 20 mm besitzen und unbehandelt sein. Um den natürlichen Nagetrieb der Papageien auch in einem Nistkasten entgegenzukommen, kann man dem brütenden Weibchen ein Stück Holz mit auf den Höhlenboden legen oder an der Innenwand befestigen; es kann aus morschem Weichholz sein. Eine weitere Konstruktion, die gern Verwendung findet, sind Nistkästen, die die Form eines L haben.

Nisthöhlen, unabhängig von der Bauweise, sollten stets leicht zu reinigen und zu desinfizieren sein. Eine eingefügte Kontrollöffnung darf nicht nur dazu dienen, einen Blick auf das Gelege oder die Küken werfen zu können, sondern sie muss so groß sein, dass der Züchter durch sie die Eier bzw. die Jungvögel problemlos entnehmen kann. Es ist empfehlenswert, die Kontrollöffnung unter Beachtung der Einstreustärke etwa in Höhe der Ebene zu planen, in der sich auch das Gelege beziehungsweise später die Jungvögel befinden. Wird die Kontrollklappe durch den Züchter geöffnet verlässt das in der Höhle befindliche Weibchen häufig schon die Brutstätte durch das Schlupfloch. Manche Weibchen verteidigen jedoch vehement ihre Höhle und beißen unter Umständen auch in die Hand des Züchters, wenn sich die Gelegenheit dazu ergibt. Bei empfindlichen Arten sollten die Nisthöhlenkontrollen nur durchgeführt werden, wenn sich keiner der Partner im Höhleninneren befindet.

Auch unter den afrikanischen Papageien gibt es Exemplare, die bereitwillig jeden ihnen angebotenen Nisthöhlentyp annehmen und darin zur Brut schreiten. Anderen Individuen muss man hingegen zwei oder sogar drei verschiedene Nisthöhlenvarianten anbieten, um ihr Interesse zu wecken. Bei der Bereitstellung mehrerer Nisthöhlen sollten diese an unterschiedlichen Stellen der Innenvoliere angebracht werden, möglichst weit unter der Volierendecke. Zwischen dem Deckel der Bruthöhle und der Volierendecke muss immer noch ausreichend Platz für den Aufenthalt der Vögel sein. Manche Paare nutzen diesen Ort zur Kopulation, und einige Männchen halten sich während der Brutzeit gern auf der Nisthöhle auf.

Balz, Brut und Jungenaufzucht

Wann und wie die afrikanischen Papageien ihre Partnerwahl treffen, ist bisher aus dem Freiland kaum bekannt. Es wird vermutet, dass sich bei den subadulten Vögeln mehrerer Paare, die nach der Trennung von den Eltern gemeinsam umherstreifen, erste soziale Beziehungen und später Paarbindungen entwickeln. Abgesehen von den Vasapapageien gelten die afrikanischen Papageien als männchen-dominant und monogam, d. h. Männchen und Weibchen bleiben zumindest für eine Brutzeit, wahrscheinlich aber länger und möglicherweise sogar lebenslang ein Paar. Die paarbindenden und -festigenden Verhaltensweisen sind bereits im Kapitel „Ökologie und Verhalten" genannt worden. Hier soll es nun um den engeren Bereich der Fortpflanzung gehen, die mit dem Balzverhalten eingeleitet wird.

Die Balz der Langflügelpapageien aus der *Poicephalus-meyeri*-Superspezies verläuft recht einheitlich – und „heimlich" bzw. unauffällig, sodass sie sowohl im Freiland als auch in Menschenobhut gar nicht so leicht zu beobachten ist. Das liegt u. a. daran, dass viele Langflügelpapageienpaare sowohl im Freiland als auch in der Volierenhaltung recht scheue Vögel sind, die bei jeder Annäherung ihre Aktivitäten unterbrechen. Zum anderen sind Langflügelpapageien im Allgemeinen keine Kontakt-, sondern eher Distanztiere. Im Vergleich z.B. zu Unzertrennlichen, Amazonen, Kakadus oder Aras halten die Tiere vielfach Distanz voneinander, „kraulen" sich weitaus weniger, schlafen auch schon mal auf unterschiedlichen Sitzästen, kurzum: Sie halten über weite Teile des Jahres deutlich mehr Abstand voneinander als manche anderen Papageien. Ihre Sozialkontakte intensivieren sich erst mit Beginn der Brutzeit, die in Menschenobhut oft im Winterhalbjahr liegt. Sie werden dann insgesamt lauter, rücken näher zusammen und können auch immer öfter bei der sozialen Gefiederpflege beobachtet werden. Jens Drebenstedt hatte das Glück, bei einem Kenia-Aufenthalt Goldbugpapageien bei der Balz und Kopulation im Freiland zu beobachten: „....Wieder kletterten beide zueinander und fütterten sich gegenseitig. Wir konnten nun auch das Männchen beim Balzen beobachten. Es lief auf dem Ast mit herunterhängenden Flügeln hin und her und fütterte immer wieder sein Weibchen. Wenige Minuten später konnte ich meine ersten Bilder von einer etwa 10 Minuten dauernden Paarung dieser Papageien in Freiheit machen. [...] Deutlich erkennbar und sehr auffällig war, dass der Anteil an gelben

Rüppells Papageien

Der Blick in die Nisthöhle wird während der Balzphase regelmäßig durchgeführt.

Graukopfpapageien-Paar

bei der Kopulation.

Federn im Gefieder dieser beiden Goldbugpapageien stark voneinander abwich. Das Männchen zeigte im Vergleich zum Weibchen nur sehr wenig Gelb an Scheitel und Flügelbug" (Drebenstedt, www.poicephalus.info.de).

Das Balzverhalten der Vögel in Menschenobhut ist dagegen besser bekannt; exemplarisch soll hier nun die Balz des Mohrenkopfpapageien näher beschrieben werden: Als erstes Element aus der Aktionskette der Balzhandlungen ist das Imponieren zu werten. Beide Geschlechter laufen in aufrechter Haltung langsam aufeinander zu bzw. umkreisen sich mit hängenden zitternden Flügeln. Gelegentlich klappern beide Vögel unterdessen mit den Schnäbeln oder reiben die Schnäbel an der Sitzstange. Auch das Auffächern der Flügel bei gespreizten Hals- und Nackenfedern und in Verbindung mit Imponierlauten („*dschrii*"-Laute) wird in dieser Phase beobachtet. Eine weitere Handlung aus der Aktionskette des Balzverhaltens ist das Partnerfüttern. Es beginnt mit dem Schnabelklappern (mit verengter Pupille) und führt über Würgebewegungen bis hin zur direkten Futterübergabe des Männchens an das Weibchen. Während des Partnerfütterns spreizt das Männchen unter Umständen die Flügel, und der Flügelbug wird nach unten gesenkt, so dass durch die erweiterten und gesenkten Flügel eine Art „Tunnel" um den Vogel herum entsteht. In dieser Haltung nähert sich das Männchen später dem Weibchen, umfasst es mit einem Flügel und besteigt es zur Kopulation. Auch Befliegen wurde bei der Kopulation schon beobachtet (Zusammenfassung aus Lantermann 1997a).

Das Balzverhalten der größeren Langflügelpapageien verläuft – soweit bekannt und beschrieben – sehr ähnlich, allerdings wurde bei Kongopapageien darüber hinaus ein extremes Abstellen und Nach-vorn-drücken der Flügelbuge beobachtet, so dass sie sich fast vor dem Bauch berühren (Lantermann & Schuster 1989).

Das Balzverhalten der Graupapageien ist – trotz vielfacher Haltung – nur unzureichend beschrieben worden. Es ähnelt dem der Langflügelpapageien. Besonders auffällig sind gewisse Balz-„Tänze", bei denen beide Partner mit aufgestelltem Nacken- und Rückengefieder, verengten Pupillen sowie mit hängenden Flügeln auf den Sitzstangen entlanglaufen, sich mehrfach kratzen (Übersprungverhalten) und die Schnäbel gegeneinander reiben. Darüber hinaus kann ein „Schnabelhakeln" auftreten, das eventuell eine Vorstufe des Partnerfütterns, welches ebenfalls im Verhaltensinventar der Graupapageien vorkommt, darstellt. Manche Züchter beschreiben die dabei auftretenden Lautäußerungen beider Geschlechter als „Gurren" oder „Singen". Viele Männchen umkreisen dabei ihre Weibchen und testen vor der eigentlichen Kopulation die

Bereitschaft der Weibchen, indem sie vorsichtig einen Fuß auf deren Rücken stellen, ehe sie mit beiden Füßen aufsteigen.

Die Balz der Vasapapageien beginnt in der Regel nach Abschluss der Frühjahrsmauser mit dem dann einsetzenden Hellerwerden der Schnäbel bei beiden Geschlechtern. Bei den Großen Vasapapageien verliert das Weibchen zudem das Kopfgefieder, und die Haut verfärbt sich beiden Geschlechtern gelb. Obwohl das Weibchen auch außerhalb der Fortpflanzungszeit die Fütterung durch ein oder mehrere Männchen zulässt, wird die Zeit nach der Frühjahrsmauser geprägt von fortwährenden Annäherungsversuchen der Männchen, von anhaltend lauten Ruffolgen begleitet. Der Zeitpunkt der Kopulation wird ausschließlich vom Weibchen bestimmt. Auf dem Höhepunkt der Balz sind Partnerfütterungen mehrmals täglich zu beobachten und dann auch häufig Tretakte wahrnehmbar. Dr. Georg Sauer (http://coracopsis.de/fotos–berichte/bericht-meine-beobachtungen/index.html) berichtet von regelrechten Tretaktorgien während dieser Zeit bei seinen Kleinen Vasapapageien. Ausnahmslos handelt es sich dabei wohl um Scheinkopulationen, deren Sinn bis heute nicht eindeutig geklärt werden konnte. Die „erfolgreichen" Kopulationen nehmen hingegen wesentlich mehr Zeit in Anspruch. Die Partner sitzen dabei eng nebeneinander, und während sich die paarenden Vögel mit ihren Schnäbeln berühren, vereinen sich ihre geschwollenen Kloaken, die dann fast Hühnereigröße erreichen können. Unmittelbar nach der Kopulation vertreibt das Weibchen nicht selten das Männchen aus seiner Nähe.

Über den gewöhnlichen Ablauf der Kopulation afrikanischer Papageien und die anschließende Eiablage wurde bereits im Kapitel „Ökologie und Verhalten" berichtet, hier soll nur noch ein Sonderfall ergänzt werden. Bei einem Mohrenkopfpapageienpaar in Menschenobhut wurde festgestellt, dass seine Kopulationshaltung von der „klassischen" Form männchen-dominanter Arten abwich. Bei diesem Paar bestieg das Weibchen das Männchen und steuerte eine erfolgreiche Kopulation mit dem erforderlichen Samenaustausch, nach der es zur Ablage befruchteter Eier und zur Aufzucht der Jungvögel kam. Grundsätzlich scheint es also nur darauf anzukommen, dass die Kloaken beider Geschlechter während der Kopulation zusammengeführt werden und die Samenflüssigkeit ausgetauscht wird – unabhängig davon, welches Geschlecht zur Kopulation „oben" oder „unten" sitzt (Wagner 1999). Dieses Phänomen wird in der wissenschaftlichen Literatur als „female mounting" beschrieben und kommt offenbar auch bei anderen monomorphen Arten (= Arten ohne äußerlich erkennbare Geschlechtsunterschiede) vor, besonders häufig bei den Unzertrennlichen der *Agapornis-personatus*-Gruppe und beim Rosenköpfchen und wird durch pseudoweibliches Verhalten der Männchen begünstigt (Dilger 1960, Spoon 2006).

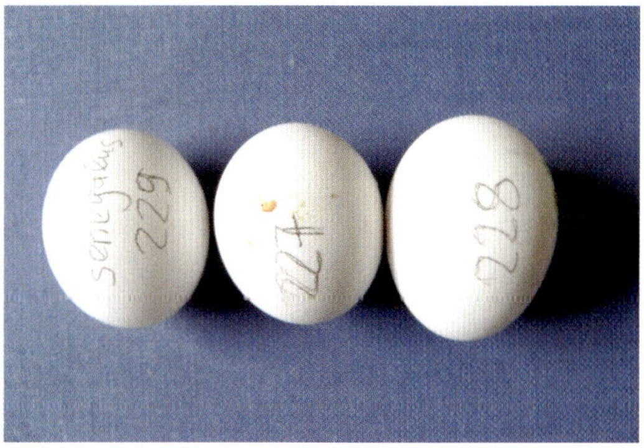

Ein Gelege

von Mohrenkopfpapageien.

Fast alle Kenntnisse über das Brutverhalten, die Aufzucht und Entwicklung der Jungvögel der afrikanischen Papageien verdanken wir den Beobachtungen an Vögeln in menschlicher Obhut. Erst in den letzten Jahren sind durch die Arbeitsgruppe um Prof. Mike Perrin erste Details des Brutverhaltens im Freiland bekannt geworden (Perrin 2013).

Die Bebrütung der Eier erfolgt bei allen Afrikanern vermutlich ausschließlich durch das Weibchen, allerdings suchen auch die Männchen mancher Paare regelmäßig den Nistkasten auf. Ob sie dabei das Weibchen füttern oder gar mitbrüten, entzieht sich unserer Kenntnis – so wie überhaupt das Geschehen in der Nisthöhle bislang weitgehend unbekannt ist. Erste Versuche mit Nistkastenkameras haben bei anderen Papageien bereits einige interessante Ergebnisse erbracht, bei den Afrikanern stehen detaillierte Nistkastenbeobachtungen noch aus.

Mohrenkopfpapageien-Junges

im Alter von wenigen Tagen.

In der Regel verlassen die Weibchen die Bruthöhle während der Bebrütungszeit nur selten, meist nur einmal am Tag. Dann nehmen sie Wasser und Nahrung auf, setzen Kot ab und unterhalten soziale Kontakte zu dem außerhalb der Höhle verweilenden Männchen. In Schlechtwetterphasen dauern diese Aufenthalte außerhalb der Höhle meist nur wenige Minuten bis zu einer halben Stunde. Bei warmen Temperaturen, wenn die Gefahr des Auskühlens der Eier weniger besteht, kann sich diese Zeit auch schon einmal darüber hinaus ausdehnen. Ansonsten erfolgt die Fütterung des Weibchens mehrmals täglich im Nistkasten oder an seinem Einschlupf durch das Männchen, das ansonsten meist in der Nähe ruht und auf akustische Signale des Weibchens reagiert.

Nach frühestens 26 Tagen schlüpft bei den kleineren Langflügelpapageienarten, nach etwa 28 bis 30 Tagen bei den größeren Arten und den Graupapageien, nach nur 15 bis 16 (!) Tagen bei den Vasapapageien das erste Junge, nachdem es zunächst mit Hilfe des Eizahns die Eischale angeritzt und dann durch eine Streckbewegung des Kopfes aufgebrochen hat. Wie alle frisch geschlüpften Papageien sind die Jungen recht klein, unbeholfen, fast nackt (mit wenigen hellen Dunen), und ihre Augen sind geschlossen. Anfangs liegen die Jungen seitlich auf der Nisthöhleneinstreu, nach dem Schlüpfen der weiteren Jungvögel (im Abstand von 1 bis 3 Tagen) setzen sich die Vögel schon aufrecht, legen ihre Köpfe aneinander oder übereinander und bilden eine Art Wärmepyramide. Nach den ersten Tagen, in denen sie nur sehr sparsam von den Eltern gefüttert werden, setzt ein beschleunigtes Wachstum ein, das nach etwa 55 bis 60 Tagen bei den kleineren und 70 bis 90 Tagen bei den größeren Arten zunächst zu einem höheren Gewicht als dem der Altvögel geführt hat und mit dem Ausfliegen endet. Dieser Gewichtsüberschuss wird gewissermaßen als „Puffer" für die erste Zeit nach dem Ausfliegen gedeutet und baut sich innerhalb der ersten zwei Wochen außerhalb der Nisthöhle wieder ab. Über die körperliche Entwicklung der Nestlinge in der Bruthöhle weiß man bis heute nur sehr wenig. Auch aus den vielfach durchgeführten Handaufzuchten liegen überraschenderweise kaum Beschreibungen der Körper- und Verhaltensentwicklung der meisten Arten vor. Bei Nistkastenkontrollen leicht festzustellen ist der Zeitpunkt des Öffnens der Augen (um den 13. Tag bei den kleineren, um den 17. Tag bei den größeren Arten). Auch der Zeitpunkt der geschlossenen Beringung ist von Bedeutung, weil die vorgesehenen Ringe nur wenige Tage über den Fuß geschoben werden können (die Beringung erfolgt – als Faustregel – etwa zu dem Zeitpunkt, wenn sich auch die Augen öffnen), danach sind die Füße schon so stark gewachsen, dass nur noch eine offene Beringung mit einem Artenschutzring bleibt. Sie bedarf aber – möglichst im Vorfeld – einer Genehmigung durch die zuständige Behörde. Sie kann z.B. notwendig werden bei Paaren, die ihre Jungen erfahrungsgemäß nach den Beringen verlassen und nicht weiter aufziehen, oder auch im Urlaubsfall, wenn vorherzusehen ist, dass man an den einzig möglichen Beringungstagen gar nicht zu Hause ist (und das Beringen nicht der Urlaubsvertretung zumuten möchte).

Die Jungvögel verlassen die Nisthöhle in der Regel mit komplett ausgebildetem Gefieder, allerdings meist kürzerem Schwanz. Auch fehlen ihnen meist die farbigen Anzeichen (Stirnfärbungen, Flügelbugfärbungen usw.) der Altvögel. Der Ausfärbungsprozess dauert je nach Art unterschiedlich lange – bis zu drei Jahre bei den großen Arten –, und selbst von den kleinen Goldbugpapageien weiß man seit kurzem, dass einige Unterarten bis zu 30 Monate zum Umfärben in das Erwachsenengefieder benötigen (Kock, briefl. Mitt.).

Beim Verlassen der Nisthöhle sind die Jungvögel zunächst recht unbeholfen, und vom eigentlichen Ausfliegen kann bei ihnen meist nicht die Rede sein. Sie hocken zunächst mehrere Tage am Schlupfloch und beobachten die Umgebung, eh sie sich – meist kletternd – hinauswagen. Erste Flugversuche enden oft unbeholfen auf dem Volierenboden. Aber die meisten können schon recht geschickt an den Volierengittern wieder aufwärts klettern. Diese Unbeholfenheit weicht nach wenigen Tagen einer Ungestümheit, in deren Folge die Tiere schon bei leichtem Erschrecken wild umherflattern und durch die Voliere stürmen. In diesen Tagen sind die Vögel – besonders in lang gestreckten Volieren – gefährdet, sich beim Anflug zu verletzten oder gar das Genick zu brechen. Hier helfen natürliche „Bremsen" wie Strohmatten oder belaubte Äste, um diese unkontrollierten Flüge abzufangen.

Nach etwa zwei Wochen sind die Jungvögel mit den Umgebungsverhältnissen, den Fütterungszeiten, dem Anblick des Pflegers usw. soweit vertraut, dass Ruhe in der Voliere einkehrt. Nun beginnen die Jungen auch selbständig zu fressen, sodass sie insgesamt nach etwa vier bis fünf Wochen selbständig sind. Zu diesem Zeitpunkt werden die Jungen dann oftmals von den Eltern separiert und/oder weiterverkauft. Beides ist in der Regel wenig hilfreich. Wenn sich andeutet, dass die Elterntiere die Jungen weiterhin in ihrer Nähe dulden (und kein Anschlussgelege tätigen), sollte man sie zunächst auf jeden Fall im Familienverband belassen und ihnen ermöglichen, verschiedenste Lernerfahrungen miteinander zu machen. Dies festigt zum einen die Beziehung zu den Nestgeschwistern und ermöglicht zum anderen vielfältiges Lernen von den Eltern. Diese wichtige Phase der Sozialisation wird vielen Jungtieren durch zu frühzeitiges Absetzen von den Eltern genommen. Deutet sich allerdings an, dass die Eltern ihre Jungen aggressiv abwehren oder gar angreifen und verfolgen, bleibt nichts anderes übrig, als die Jungen aus der Voliere zu nehmen. In diesem Fall sollten sie aber möglichst zusammen mit Nestgeschwistern oder zumindest den Jungvögeln anderer Paare untergebracht werden, damit sie weiterhin soziale Kontakte pflegen oder verfeinern können.

Goldbugpapageien

Den Jungtieren sollte man die Gelegenheit lassen, möglichst lange mit den Eltern zusammen zu bleiben, um von diesen zu lernen.

Die Seychellen-Vasapapageien

auf Praslin sind in ihrem Bestand stark gefährdet.

Artenporträts

Im nun folgenden Artenteil werden alle gegenwärtig anerkannten afrikanischen größeren Papageien nach einem gleich bleibenden Schema besprochen. In der systematischen Abfolge der Arten und Unterarten halten wir uns an die neueste IOC World Bird List von Gill & Donsker (2012). Als Literaturgrundlagen für die einzelnen Artkapitel wurden jeweils die Monografien von Arndt (1990-2004), de Grahl (1974), Forshaw (1989), Hoppe & Welcke (2006), Juniper & Parr (1998) sowie Robiller (1997) verwendet. Spezialarbeiten sind im Text gesondert zitiert.

Die Beschreibung der Vögel in den einzelnen Artkapiteln erhebt keinerlei Anspruch auf Vollständigkeit. Lediglich markante Gefiedermerkmale werden hier aufgeführt. Eine jeweils detaillierte Gefiederbeschreibung, die zum Beispiel für Züchter wichtig sein könnte, die ihre Vögel auf Artenreinheit oder Mischlingsmerkmale überprüfen wollen, findet sich bei Arndt (1990-2004), Forshaw (1989), Hoppe & Welcke (2006) und Juniper & Parr (1998).

Die Verbreitungskarten wurden auf der Grundlage der IUCN Red List (www.iucnredlist.org, Zugriff am 29.12.2012) erstellt und mit den Verbreitungsangaben bei Juniper & Parr (1998) sowie den Verbreitungskarten bei Robiller (1997) abgeglichen.

Die Informationen zum Status der jeweiligen Art im Freiland wurden ebenfalls aus der aktuellen Liste der Weltnaturschutzorganisation IUCN ersehen (www.iucnredlist.org). Diese Liste gibt den aktuellen Status jeder Vogelart aufgrund der vorliegenden Freiland-Informationen wieder und gelangt damit zu einer zusammenfassenden Einschätzung, die sich in verschiedenen Kategorien niederschlägt. Demnach gelten die meisten der hier bearbeiten Arten als LC (Least Concern – nicht gefährdet), lediglich beide Graupapageien-Arten als VU (Vulnerable – verwundbar). Allerdings wird der Sonderstatus des Eigentlichen Kap-Papageien (*Poicephalus robustus*) – in Abgrenzung zum Graukopfpapageien (*Poicephaus fuscicollis*) – von der IUCN derzeit (noch) nicht anerkannt, so dass die Art insgesamt dort als LC (= nicht gefährdet) aufgeführt ist. Würde man *P. robustus* getrennt als eigene Art behandeln, wie dies auch hier in diesem Buch geschieht, wäre sie die bedrohteste Papageienform Afrikas und man würde ihr sicherlich einen anderen Status (wahrscheinlich EN – Endangered = stark gefährdet) zubilligen. – Der so ermittelte Freilandstatus fließt in der Regel in die Artenschutzgesetzgebung der Länder ein und reglementiert Haltegenehmigung, Beringungsart und Meldepflicht.

Die Hinweise zur Haltung und Zucht der hier besprochenen Arten sind oft recht subjektiv und beschreiben veröffentlichte oder eigene Zuchterfahrungen, unter denen Haltungs- und Zuchterfolge vonstatten gegangen sind. Sie erheben keinen Anspruch auf Allgemeingültigkeit.

Die Gattung Coracopsis

Gattung *Coracopsis* Wagler 1832 Vasapapageien

Die Gattung *Coracopsis* teilt sich in zwei Arten auf. Beide Spezies sind nicht auf dem afrikanischen Festland präsent, sondern besiedeln Madagaskar, die Komoren und die Seychellen-Inseln Praslin sowie Curieuse. Die isolierte Verbreitung formte mit den Vasapapageien im Laufe der Entwicklungsgeschichte eine für die Papageienfauna außergewöhnliche Gattung.

Vor rund 150 Millionen Jahren wurde Madagaskar, ein Vorkommensgebiet dieser Vögel, vom heutigen afrikanischen Festland getrennt und vor etwa 90 Millionen Jahren auch vom indischen Subkontinent. Durch die lange isolierte Entwicklung dieser Landmasse ist auf Madagaskar eine eigenständige Natur entstanden. Die Tierwelt auf dieser Insel ist zu 95 Prozent endemisch, das heißt, sie kommt nur auf Madagaskar vor. Nach neuesten Untersuchungsergebnissen konnte der Ursprung der meisten madagassischen Wirbeltiere auf einen Zeitraum vor 60 bis 70 Millionen Jahren datiert werden. Die Vorfahren der heutigen Individuen erreichten Madagaskar aus Afrika kommend wahrscheinlich über den zu dieser Zeit noch recht schmalen Kanal von Mosambik. Dies trifft allerdings auf die Vasapapageien wahrscheinlich nicht zu, denn Vasapapageien sollen dem auf Neuguinea heimischen Borstenkopfpapagei (*Psittrichas fulgidus*) verwandtschaftlich sehr nahe stehen.

Eine Heimat finden die Großen wie auch die Kleinen Vasapapageien auch auf der Inselgruppe der Komoren. Dieser Archipel ist vulkanischen Ursprungs und etwa 400 Kilometer Luftlinie von der madagassischen Küste entfernt. Die Seychellen-Inseln Praslin und Curieuse, als Heimat einer Unterart des Kleinen Vasapapageis (*Coracopsis nigra barklyi*), liegt auf dem nördlichen Maskarenrücken. Diese Inseln sind etwa 1.000 Kilometer Luftlinie von der Nordspitze Madagaskars entfernt.

Großer Vasapapagei

bei der Nahrungsaufnahme.

Vasapapageien unterscheiden sich deutlich von den übrigen Papageienarten, und für manche Laien bieten diese Vögel auf den ersten Blick überhaupt keinen Bezug zu den anderen sonst bunten Papageienvögeln. Charakteristisch für die Vasapapageien sind die dunkle Gefiederfärbung, der kräftige Schnabel und der lange Schwanz. Ihre außergewöhnliche Fortpflanzungsbiologie stellt immer noch ein äußerst interessantes Forschungsgebiet für die Wissenschaft dar und natürlich auch für Besitzer dieser Papageien in Privathaltungen. Allerdings erweckten sie bei den Liebhabern bislang ein nur geringes Interesse; dies mag insbesondere an ihrer schlichten Färbung und den monotonen Lautäußerungen liegen, die mit Beginn der Fortpflanzungszeit einen saisonalen Höhepunkt erreichen.

Großer Vasapapagei
Coracopsis vasa (Shaw, 1812)

Gesamtlänge: (je nach Unterart) etwa 46 - 50 cm
Gewicht: 410 - 560 g
Geschlechtsunterschiede: Männchen und Weibchen sind gleich gefärbt
Gelegegröße: 2 - 5 Eier
Brutdauer: 15 - 16 Tage
Nestlingszeit: um 50 Tage
Gesetzesstatus: WA II / B (Keine Beringungspflicht, eine Beringung wird jedoch empfohlen; Meldepflicht und Herkunftsnachweis)

Systematik und Unterarten

Der Große Vasapapagei teilt sich gegenwärtig in drei Unterarten auf. Eine genaue Bestimmung der Unterarten, insbesondere bei den beiden auf Madagaskar heimischen Subspezies, ist für den Laien nicht immer sofort auf Anhieb möglich. Die schlichte Gefiederfärbung dieser Vögel bietet nur geringe Anhaltspunkte für eine sichere Unterscheidung. Oft bezieht man sich lediglich auf die Intensität der Grundgefiederfärbung und die Färbung der Unterschwanzdecken.

1. *Coracopsis vasa vasa* (Shaw 1812) – Großer Vasapapagei: Ost-Madagaskar vom Norden bis zum Süden.
2. *Coracopsis vasa drouhardi* Lavauden 1929 – Westlicher Großer Vasapapagei: West-Madagaskar.
3. *Coracopsis vasa comorensis* (Peters 1854) – Großer Komoren-Vasapapagei: Komoren-Inseln Gran Comore, Moheli und Anjouan.

In europäischen Haltungen sind vornehmlich die beiden auf Madagaskar heimischen Unterarten anzutreffen; derzeit ist den Verfassern über eine Haltung der Subspezies *C. vasa comorensis* nichts bekannt.

links: Großer Vasapapagei (Coracopsis v. vasa)

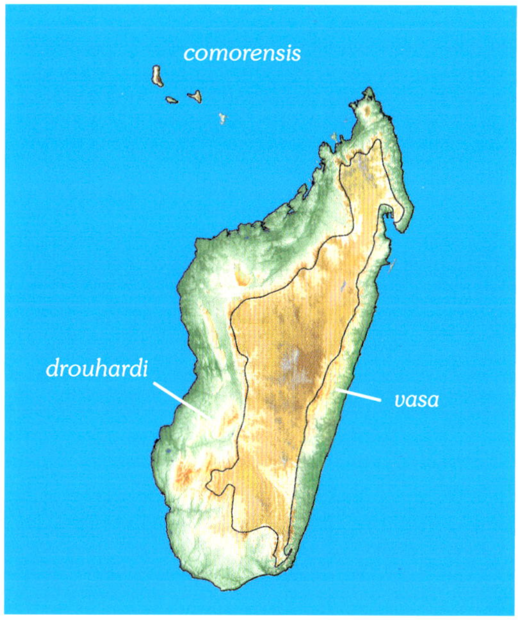

Großer Vasapapagei

Verbreitungskarte

Merkmale für eine Unterscheidung der drei Unterarten

1. *Coracopsis vasa vasa:* bräunlichschwarze Färbung, Unterschwanzdecken grau.
2. *Coracopsis vasa drouhardi*: blasser als die Nominatform, besitzt einen grauen Schimmer auf der Körperunterseite und auf den Flügeln, Unterschwanzdecken weißlich.
3. *Coracopsis vasa comorensis*: wirkt insgesamt mehr bräunlich, auch die Unterschwanzdecken sind braun gefärbt.

Beschreibung

Große Vasapapageien sind in beiden Geschlechtern gleich gefärbt. Ihre Grundgefiederfärbung ist braunschwarz, mehr braun an der Unterseite. Die Unterschwanzdecken sind grau mit schwarzen Schaftkonturen. Der Schnabel ist hellbraun bis hornfarbig, die Iris braun, die Füße sind rosabraun. Bei adulten Tieren färbt sich der Schnabel

Großer Vasapapagei

Westlicher Großer Vasapapagei (*C. v. drouhardi*)

Großer Komoren-Vasapapagei (*C. v. comorensis*)

zur Brutzeit hell, gleichzeitig verfärbt sich die weiße Schnabelwachshaut der Tiere von weiß in ein lebhaftes Gelb. – Jungtiere weisen ein mehr bräunliches Gefieder auf. Die Federn von Brust und Bauch können rotbraun gesäumt sein. Der Schnabel ist grau.

Verbreitung und Freileben

Die Gesamtverbreitungsgebiet des Großen Vasapapageien erstreckt sich heute auf etwa 413.000 km^2. Vornehmlich werden von diesen Papageien Höhenlagen zwischen 0 und 2.000 m ü. NN aufgesucht.

Auf Madagaskar ist der Große Vasapapagei allgegenwärtig. Nicht selten wird diese Spezies dort selbst auch von Einheimischen mit dem Kleinen Vasapapagei verwechselt. Persönliche Mitteilungen und die Fotoauswertungen von Madagaskarreisenden bestätigen immer wieder, dass der Große Vasapapagei auf Madagaskar durchaus zu den häufig vorkommenden Vogelarten gezählt werden kann. Auf der viertgrößten Insel der Erde kommen diese Papageien in Höhenlagen bis 1.000 m ü. NN vor; getrennt werden die beiden Populationen der auf Madagaskar vorkommenden Unterarten durch eine Hochebene, die den zentralen Teil dieser Insel durchzieht. Vermutlich war die gesamte Insel einmal vollständig bewaldet. Heute sind nur noch 10 Prozent der einstigen Waldfläche vorhanden, die damals den Hauptlebensraum der Spezies darstellte. Allerdings konnte sich der Große Vasapapagei erstaunlich gut auf die veränderte Umwelt einstellen, sodass die Art gegenwärtig auch in den entwaldeten und mit nur wenigen Bäumen bestandenen Habitaten wie Savannen und Küstenstreifen, aber auch in Trockenwäldern anzutreffen ist. Auf den Komoren-Inseln werden ebenfalls alle dort vorhandenen Lebensräume von den Vasapapageien besiedelt, wobei einzelne Individuen dort auch in Höhenlagen von 2.000 m ü. NN angetroffen worden sind, wenngleich auch selten. Die meisten Exemplare sind auf den Komoren in Höhenlagen von 700 bis 1.000 m ü. NN nachgewiesen (Louette 2008).

Das Freileben dieser Papageien ist durch Dr. Jonathan Ekstrom über einen Zeitraum mehrerer Monate erforscht worden und endete in einer umfangreichen Veröffentlichung im Jahr 2002 (Ekstrom 2002). Bis dahin war die Biologie dieser Vögel nur lückenhaft bekannt. Ort seiner Freilandstudie war der Kirinidy-Wald unweit von Morondava im westlichen Teil Madagaskars. Dort herrscht offener Trockenwald vor, was die Beobachtungen dieser Vögel wesentlich vereinfachte. In anderen Landesteilen sind die Großen Vasapapageien in noch vorhandenen feuchten Waldgebieten vertreten, die von Laubgehölzen geprägt sind. Sie besiedeln jedoch auch küstennahe Landstriche, suchen dort Kokosnuss-Plantagen auf und fallen auch in Reisfelder sowie anderen kultivierten Anbauflächen ein.

Die Vasapapageien machen sich insbesondere durch ihre lauten melodischen Rufe bemerkbar. Tagsüber sind die Großen Vasapapageien oft paarweise oder in kleinen Gruppierungen anzutreffen. Sie halten sich dann in Bäumen oder manchmal auch auf dem Erdboden auf, scheinen jedoch weniger an den Wald gebunden als die Kleinen Vasapapageien. Am Abend werden von den einzelnen Gruppen Schlafplätze in den Wipfeln hoher Bäume aufgesucht. Mitunter wurden Große Vasapapageien auch schon in mondhellen Nächten fliegend beobachtet.

Große Vasapapageien ernähren sich in ihrer Heimat von Sämereien, Beeren und verschiedenen Früchten. Zur Nahrungsaufnahme werden von ihnen tagtäglich verschiedene Baumarten in

Westliche Große Vasapapageien

sind auf Madagaskar noch relativ häufig.

einem weiträumigen Gebiet angeflogen; sie suchen aber auch landwirtschaftliche Nutzflächen auf.

Als Niststätten nutzen Große Vasapapageien Höhlen in meist lebenden und weniger in abgestorbenen Bäumen. Als Brutbäume werden die Arten *Adansonia rubrostipa* und *Commiphora guillaumini* bevorzugt. Seltener wurden Nisthöhlen aber auch in Bäumen der Arten *Poupartia sylvatica* und *Cordyla madagascariensis* gefunden. Die Höhleneingänge befinden sich zumeist in einer Höhe bis zu 10 Metern über dem Erdboden. Nistmaterial wird von ihnen nicht eingetragen; das Höhleninnere wird von dem Weibchen jedoch benagt, wodurch sich aus den Spänen eine Gelegeunterlage bildet. Erste Fortpflanzungsaktivitäten konnten auf Madagaskar im September beobachtet werden, woran sich Ende Oktober die Eiablage, die Brutzeit sowie die Entwicklungsphase der Jungvögel anschließen. Die Bereitschaft zur Fortpflanzung wird durch die Weibchen signalisiert. Über einen Zeitraum von mehreren Jahren wurde erforscht, dass etwa 80 Prozent der Weibchen eines größeren Gebietes innerhalb des gleichen Zeitraums von sechs bis zehn Tagen zur Kopulation bereit waren. Die Gelegegröße besteht aus zwei bis fünf

Lebensraum der Großen Vasapapageien

im Westen Madagaskars.

Eiern. Das Weibchen beginnt mit der Ablage des ersten Eies mit dem Brüten. Die Brutzeit beträgt nur ungefähr 16 Tage. Nach dem Schlupf vergehen noch sechs bis neun Tage, bis sich die Augen der Jungen öffnen. Nach ungefähr 41 Tagen sind die jungen Vasapapageien vollständig befiedert, und mit etwa 46 bis 48 Tagen verlassen sie die Nisthöhle. Im Januar ist die Fortpflanzungsperiode bei den Großen Vasapapageien in deren Heimatgebiet zumeist beendet. Es findet nur eine Jahresbrut statt.

Status im Freiland und in Menschenobhut

Das Bevölkerungswachstum und die damit verbundene Besiedlung von Madagaskar tragen wesentlich zur anhaltenden Vernichtung der ursprünglichen Habitate der Großen Vasapapageien bei. Selbst in den recht zahlreich ausgewiesenen Schutzgebieten wird teilweise immer noch illegal Raubbau an der Natur betrieben. Große Vasapapageien werden zudem als Schädlinge verfolgt, da sie Kulturflächen zu Nahrungszwecken aufsuchen; aber auch der Fang für den Vogelhandel sowie die Lebensraumzerstörung durch Brandrodung zur Ausweitung der Landwirtschaft und zur Gewinnung von Brennmaterialien tragen in erheblichem Maße zur Reduzierung der Tierwelt bei. Ein Problem ist die Bodenerosion, bei der jährlich große Mengen fruchtbaren Bodens verloren gehen und als nachfolgende Vegetationsform ausschließlich Gras- und Dornensavannen hinterlassen. All diese Dinge wirken sich auch nachhaltig auf die Populationen des Großen Vasapapageis aus.

Große Vasapapageien werden nach Einschätzung von BirdLife International in ihrem Bestand als nicht gefährdet eingestuft. Genauere Bestandszahlen existieren jedoch nicht. Die Art kommt auf Madagaskar noch häufig vor, jedoch wird ein rückläufiger Trend in der Populationsentwicklung vermutet. Genauere Angaben liegen über den Status der Population der Unterart *C. v. comorensis* auf den Komoren vor. Für die drei Inseln Gran Comore, Moheli und Anjouan sind im Jahr 2008 insgesamt 1.041 Individuen nachgewiesen worden (Louette 2008).

Die Jahresstatistiken des Bundesministeriums für Umwelt, Naturschutz und Reaktorsicherheit aus den Jahren 1984 bis 2011 beziffern insgesamt 194 direkt aus Madagaskar in die Bundesrepublik Deutschland eingeführte Exemplare des Großen Vasapapageien. 14 Exemplare wurden zusätzlich als Nachzuchten von den Philippinen und aus Tschechien in die BRD eingeführt. Die derzeit noch in europäischen Haltungen vertretenen Exemplare dieser Spezies stammen noch aus diesen früheren Importen oder sind direkte Nachkommen davon.

Die Volierenpopulationen in Deutschland lassen sich nur schätzen. Laut Zootierliste vom Dezember 2012 (www.zootierliste.de) werden Große Vasapapageien lediglich in 7 deutschen zoologischen Einrichtungen gehalten. Die AZ listet für den Zeitraum 2000 bis 2011 keinen einzigen Zuchterfolg für die Art auf. Im Erhaltungszuchtprojekt der VZE sind derzeit 27 Große Vasapapageien registriert. Diese geringe Anzahl bekannter Haltungen deutet auf die Notwendigkeit hin, dass sich zukünftig alle Besitzer von Großen Vasapapageien für den Erhalt dieser Spezies in Menschenobhut zusammenschließen sollten.

Bisherige Bruterfolge in Menschenobhut

Die Erstzucht des Westlichen Großen Vasapapageis (*C. v. drouhardi*) gelang im Jahr 1986 in der ehemaligen DDR dem Züchter D. Meyer. Die Nominatform wurde erstmalig 1988 von dem bekannten Schweizer Züchter Dr. Burkhard gezüchtet. Von der Subspezies *C. v. comorensis* gelangten um 1900 zwar einmal drei Exemplare in den Zoo von Hamburg; Zuchterfolge mit dieser Unterart wurden bis jetzt jedoch nicht bekannt. Wahrscheinlich ist sie in europäischen Haltungen gegenwärtig auch nicht vertreten.

In britischen Zeitschriften wurde 1989 und 1992 (Meier 1989, Silva 1992) und 1994 (Paul 1994) im amerikanischen Journal Bird Talk über die Zucht von Großen Vasapapageien in einer Dreiergruppe berichtet. Seine Beobachtungen während der Zucht und zum Verhalten veröffentlichte auch Dr. Wilkinson, Kurator im Chester Zoo (Großbritannien), im britischen Avicultural Magazine (Wilkinson 1990). 2006 und 2012 wurde dann noch einmal über die Zucht des Großen Vasapapageien in der deutschen Zeitschrift Papageien berichtet (Dinger 2006, Brockner 2012).

Insgesamt sind Veröffentlichungen über Zuchterfolge von Großen Vasapapageien eher selten, was sicherlich auch auf deren Bestandssituation in Menschenhand zurückzuführen ist. Persönliche Mitteilungen über einige Zuchten erhielten die Verfasser von den wenigen erfolgreichen Züchtern dieser Art innerhalb des Zuchtprojektes des VZE. Im Jahr 2005 gelang den beiden deutschen Züchtern Wolfgang und Sven Zeidler die Aufzucht von zwei Jungvögeln (Schlupfdatum: 24. und 26.5.2005); 2007 wiederholte sich dieser Erfolg (Schlupfdatum: 22. und 24.6.2007). Die Elterntiere gelangten 1993 als Wildfänge nach Deutschland. Immer wieder erhielten die Verfasser auch Hinweise über Zuchterfolge im Zoo Berlin; hier wurden zeitweise die Nistmöglichkeiten entfernt, da die Nachzuchten nicht vermittelt werden konnten.

Großer Vasapapagei

Kopfstudie eines Männchens in Brutstimung.

Haltung und Zucht

Die Verfasser haben leider keine eigenen Haltungserfahrungen mit Großen Vasapapageien sammeln können. An dieser Stelle sollen darum die Beobachtungen anderer Züchter wiedergegeben werden, die als Mitglieder des Erhaltungszuchtprojektes der VZE für die Vasapapageien gelegentlich über ihre Erfahrungen berichteten.

Große Vasapapageien sind bewegungsaktive Vögel, denen man möglichst großräumige Volieren bieten muss. Einer wenigstens 5 m langen, 2 m breiten und ebenso hohen Außenvoliere sollte sich ein Schutzraum anschließen, der in der kalten Jahreszeit auf wenigstens 10 °C erwärmt wer-

Ein Westliches Großes Vasapapageien-Weibchen

ist in Brutstimmung gekommen und hat nahezu sein gesamtes Kopfgefieder verloren.

den muss. Da sich das Flugbedürfnis bei diesen Papageien deutlich von dem der kurzschwänzigen Arten Afrikas unterscheidet, sollten sich auch die einzelnen Sitzpositionen für die Vögel möglichst weit entfernt voneinander befinden. Von den Vögeln werden gern höher liegende Sitzpositionen im Außenbereich für längere Aufenthalte gewählt. Wenigstens eine Sitzstange sollte deshalb kurz unter der Volierendecke angebracht sein; geeignet ist für eine Volierenausstattung natürlich auch ein Kletterbaum, der dann bis unter die Volierenoberkante reichen sollte.

Neu zusammengestellte Paare müssen in der ersten Zeit aufmerksam beobachtet werden. Den Verfassern wurde in der Vergangenheit mehrmals über Verluste direkt nach beabsichtigten Neuverpaarungen oder auch mit dem Einsetzen der Fortpflanzungsaktivitäten berichtet. Dabei gehen diese Aggressionen nicht von den männlichen Partnern aus, sondern von den Weibchen. Schwere Verletzungen, auch mit Todesfolge, sind in diesen Phasen möglich. Häufig ist von derartigen Fällen bei einer paarweisen Unterbringung der Großen Vasapapageien berichtet worden. Deshalb wählen manche Züchter das Trio (zwei Männchen, ein Weibchen) als möglichen Besatz ihrer Voliere. Wie erwähnt, ist bei den Großen Vasapapageien im Freiland Polyandrie die übliche Konstellation, wobei sich ein einziges Weibchen mit bis zu sechs Männchen verpaart (Ekstrom 2000).

Bei den wenigen Züchtern dieser Vögel werden die Nisthöhlen ganzjährig in den Unterkünften belassen. Häufig handelt es sich hierbei um Naturstammnisthöhlen mit einem Innendurchmesser von etwa 30 cm und einer Höhe von wenigstens 80 cm. Das Schlupfloch hat einen Durchmesser von 13 bis 15 cm. Sowohl die Naturstammvariante als auch ein normaler Holznistkasten werden akzeptiert.

Mit dem Einsetzen der Fortpflanzungsaktivitäten verfärben sich als erstes die Schnäbel bei beiden Geschlechtern hell-hornfarbig. Dies geschieht häufig bereits in den Monaten Februar oder März. Nun beginnt das Weibchen damit, gelegentlich das bzw. die Männchen zu jagen. Diese flüchten dann zunächst bei der ersten Annäherung des Weibchens, anschließend wird es jedoch von einem der Männchen gefüttert. Das Ende der Fütterung bestimmt das Weibchen, indem es plötzlich das fütternde Männchen wegbeißt. Das andere Männchen hält sich zu diesem Zeitpunkt ebenfalls in der Nähe des Weibchens auf und wird nach der Fütterung ebenfalls aus der Nähe des Weibchens vertrieben. Etwa einen Monat nach dem Verfärben des Schnabels ändert sich auch die Hautfarbe der Weibchen in einen gelblichweißen Farbton; des Weiteren verliert es zu dieser Zeit die ersten Kopffedern. Innerhalb des VZE-Zuchtprojektes konnte die Erfahrung gemacht werden, dass sich die Intensität des Gefiederverlustes im Kopfbereich bei den Weibchen unterschiedlich darstellt. Einige verlieren fast das gesamte Kopfgefieder, andere nur Teile.

Nistmaterial wird von den Großen Vasapapageien nicht in die Nisthöhle eingetragen. Oft werden, wie in der Heimat dieser Papageien auch, die Innenwände der Nisthöhlen benagt und die dabei herabfallenden Späne als Gelegeunterlage genutzt. Mit dem Einsetzen der ersten Fortpflanzungsaktivitäten werden auch die Lautäußerungen häufiger vorgetragen. Den Höhepunkt ihres Balzverhaltens erreichen die Großen Vasapapageien schließlich im April bzw. Mai; in dieser Zeit schwellen die Kloaken der Partner stark an. Ein außergewöhnlicher Anblick offenbart sich dem Beobachter dieser Vögel in diesen Augenblicken, denn die etwa 5 cm großen Kloakenauswölbungen sind deutlich erkennbar und jeder, der zuvor keine näheren Informationen über die Fortpflanzungsbiologie der Art erhalten hat, denkt sofort an eine Krankheit. Das Weibchen hebt auf dem Höhepunkt der Balz seine Flügel leicht an und bewegt sich dabei manchmal mit drehenden Bewegungen auf der Sitzgelegenheit. Jetzt nähert sich ein Männchen vorsichtig dem Weibchen, das nun seine Gegenwart zulässt. Erste Kopulationen können beobachtet werden. Die Kopulation der Vasapapageien gehört mit zu den längsten in der Vogelwelt. Es wurde mehrfach von einer Zeitdauer zwischen 30 und 90 Minuten pro Kopulation berichtet. Beide Partner sitzen während dieser Zeit nebeneinander; die Kloake des Männchens wird dabei in die des Weibchens geschoben. Bei einer Haltung mehrerer Männchen mit einem Weibchen kopuliert das Weibchen mit allen anwesenden Männchen.

Ab Anfang Mai kann schließlich mit der Eiablage gerechnet werden. In Menschenobhut werden von diesen Papageien zwei bis fünf Eier in zweitägigen Abständen gelegt; das Weibchen beginnt ab dem ersten Ei mit dem Bebrüten, sodass die Jungvögel auch im Legeabstand schlüpfen. Die Brutzeit beträgt bei den Großen Vasapapageien etwa 16 Tage, dies ist für Papageien dieser Größe ebenfalls einmalig. Frisch geschlüpfte Große Vasapapageien sind zunächst nackt. Typisch sind die seitlichen Tastknöpfe, die nur bei den Jungen der Vasapapageien zu finden sind. An die kurze Inkubationszeit schließt sich eine ebenfalls rasante Entwicklung der Jungvögel an, denn nach ungefähr 50 Tagen verlassen diese die Nisthöhle und kehren ab diesem Zeitpunkt auch nicht wieder in die Höhle zurück. Anschließend werden sie noch zwei bis drei Wochen mit Nahrung versorgt, bevor sie schließlich als selbstständig bezeichnet werden können. Die Fütterung des Nachwuchses wird von dem Weibchen vorgenommen, das wiederum selbst von dem bzw. den Männchen regelmäßig gefüttert wird. Im Alter von 16 bis 18 Tagen kann die Beringung der Jungvögel mit einem geschlossenen 12-mm-Fussring erfolgen.

Mit zunehmendem Alter der Jungvögel benötigen die Großen Vasapapageien während der Aufzuchtphase immer größere Mengen an Futter, und üblicherweise sind die Weibchen auch ständig damit beschäftigt, den bettelnden Nachwuchs mit Nahrung zu versorgen. Es erfolgt nur eine Jahresbrut.

Ein Jungvogel

des Westlichen Großen Vasapapageis; auffallend sind die seitlichen „Tastknöpfe", die nur bei den Vasapapageienjungen zu finden sind.

Kleiner Vasapapagei
Coracopsis nigra (Linné 1758)

Gesamtlänge: (je nach Unterart) etwa 30 - 40 cm
Gewicht: (je nach Unterart) 132 - 315 g
Geschlechtsunterschiede: Männchen und Weibchen sind gleich gefärbt
Gelegegröße: 2 - 5 Eier
Brutdauer: 14 - 16 Tage
Nestlingszeit: (in Menschenobhut) 37 - 48 Tage
Gesetzesstatus: WA II / B (Keine Beringungspflicht, eine Beringung wird jedoch empfohlen; Meldepflicht und Herkunftsnachweis)

Beschreibung

Männchen und Weibchen sind gleich gefärbt. Die Grundgefiederfärbung ist schwarzbraun mit unregelmäßigen Graufärbungen an den Unterschwanzdecken. Der Schnabel ist blass grau bis hornfarben, die Iris dunkelbraun und die Füße sind grau. Zur Brutzeit kann sich die Schnabelfärbung aufhellen. Jungtiere sind etwas matter gefärbt als die Adulten.

Systematik und Unterarten

Der Kleine Vasapapagei wird derzeit in vier Unterarten unterteilt. Insbesondere die Unterscheidung der auf Madagaskar lebenden Unterarten ist nicht immer einfach, zudem offensichtlich im Nordwesten sowie Südwesten natürliche Mischzonen dieser Subspezies entstanden sind. Die Unterscheidungsmerkmale der auf den Komoren und der Seychellen-Insel Praslin lebenden Unterarten im Vergleich zueinander, aber auch gegenüber den madagassischen Unterarten sind hingegen eindeutig. In verschiedenen älteren Publikationen wird oftmals die auf Praslin sowie Curieuse lebende Subspezies *Coracopsis nigra* *barklyi* der Unterart *C. n. sibilans* zugeordnet. Die Unterschiede beider Unterarten sind jedoch so deutlich, dass sich eine Zusammenlegung nahezu verbietet. Im Jahr 2011 sind an der Universität in Kent, unter Leitung von Dr. Jim Groombridge, Untersuchungen begonnen worden, die eine Änderung der systematischen Stellung von *C. n. barklyi* zum Ziel haben; Ziel ist die systematische Einstufung dieser Subspezies als eigenständige Art. Hierbei sollen nicht nur die morphologischen Unterschiede der noch vier rezenten Unterarten Berücksichtigung finden, sondern auch die genetischen zwischen *C. n. barklyi* und den anderen *C. nigra*-Unterarten untersucht werden.

links: Kleiner Vasapapagei (*Coracopsis n. nigra*)

Kleiner Vasapapagei

Verbreitungskarte.

Kleiner Vasapapagei

Kleiner Vasapapagei (C. n. nigra)

Bangs-Vasapapagei (C. n. libs)

1. *Coracopsis nigra nigra* (Linné 1758) – Kleiner Vasapapagei: Ost-Madagaskar
2. *Coracopsis nigra libs* Bangs 1927 – Bangs-Vasapapagei: West-Madagaskar
3. *Coracopsis nigra sibilans* Milne Edwards & Oustalet 1885 – Kleiner Komoren-Vasapapagei: Auf den Komoren-Inseln Gran Comore und Anjouan.
4. *Coracopsis nigra barklyi* E. Newton 1867 – Seychellen-Vasapapagei: Auf den Seychellen-Inseln Praslin und Curieuse.

In europäischen Haltungen sind vornehmlich die beiden auf Madagaskar heimischen Unterarten anzutreffen; Mitte der 1980er Jahre wurde über die illegale Einfuhr von 44 Individuen der Unterart *C. n. barklyi* berichtet, die in britischen Haltungen endeten. Eine Bestätigung dieser Angabe blieb bis zum gegenwärtigen Zeitpunkt aus.

Merkmale für eine Unterscheidung der vier Unterarten:

1. *Coracopsis nigra nigra*: dunkelbraune bis bräunlichschwarze Färbung, Unterschwanzdecken mit einem Grauton überzogen; Außenfahnen der Handschwingen graublau, Unterrücken und Oberschwanzdecken in der Grundgefiederfärbung, Schwanzunterseite graubraun. Gesamtlänge ca. 40 cm.
2. *Coracopsis nigra libs*: insgesamt blasser als *nigra*; dunkelbraune oder auch graubraune Färbung, Unterschwanzdecken graubraun, mitunter hellbraun, Außenfahnen der Hand-

Seychellen-Vasapapagei (C. n. barklyi)

Kleiner Komoren-Vasapapagei (C. n. sibilans)

schwingen graublau, Unterrücken und Oberschwanzdecken in der Grundgefiederfärbung graublau überzogen, Schwanzunterseite graubraun. Gesamtlänge ca. 40 cm.

3. *Coracopsis nigra sibilans*: bräunliche Grundgefiederfärbung, auch die Unterschwanzdecken, die Außenfahnen der Handschwingen, der Unterrücken und die Oberschwanzdecken sind braun gefärbt, Schwanzunterseite bräunlich. Gesamtlänge ca. 35 cm.
4. *Coracopsis nigra barklyi*: graubraune bis bräunliche Färbung, Unterschwanzdecken hellbraun mit Grautönen durchsetzt, Außenfahnen der Handschwingen graublau, Unterrücken und Oberschwanzdecken in Grundgefiederfarbe, Schwanzunterseite graublau. Gesamtlänge ca. 35 cm.

Verbreitung und Freileben

Kleine Vasapapageien besitzen ein großes Verbreitungsgebiet auf Madagaskar. Die Gesamtfläche ihres Verbreitungsgebietes umfasst etwa 593.000 km^2. Sie kommen hier vom Flachland bis in Höhenlagen von etwa 2.050 m ü. NN vor.

Der Kleine Vasapapagei ist auf Madagaskar offensichtlich schon lange nicht mehr so häufig wie sein Gattungsverwandter, der Große Vasapapagei. Mehrere Beobachtungen von Madagaskarreisenden scheinen diese Aussage zu bestätigen, wonach immer wieder wesentlich mehr Große Vasapapageien gesichtet werden. Dies trifft vornehmlich auf die Gegenden zu, die in den zurückliegenden Jahrzehnten durch Habitatzerstö-

Lebensraum des Kleinen Vasapapageis

auf Madagaskar.

rungen stark verändert wurden. Auf Madagaskar kommen die Kleinen Vasapapageien in feuchten und sumpfigen Waldgebieten vor, einschließlich der Mangroven. Wesentlich seltener bewohnen sie Savannen, Trocken- und Sekundärwälder. Gelegentlich sind sie auch in Plantagen anzutreffen. Höhenlagen von 1.000 m ü. NN werden auf Madagaskar vermutlich nicht überschritten, weil in diesen Gebieten häufig zusammenhängende Waldgebiete fehlen. Die Spezies scheint aber auf eine solche Vegetationsform angewiesen zu sein. Im Südosten von Madagaskar fanden 2004 Untersuchungen zur Nahrungsökologie der Nominatform statt (Bollen & van Elsacker 2004). Umfassende Bestandsermittlungen sind auf Madagaskar bislang aber, im Gegensatz zu den Populationen auf den Komoren und Seychellen, noch nicht vorgenommen worden.

Die Unterart *C. n. sibilans* besitzt ein begrenztes Vorkommen auf den Komoren. Bei einer Bestandserfassung im Jahr 2008 (pers. Mittlg. Louette) wurden auf Gran Comore noch 571, auf der Insel Anjouan aber lediglich noch sieben Exemplare nachgewiesen. Auf Mohéli konnte zum Erfassungszeitraum kein einziger Vogel angetroffen werden. Die meisten Individuen wurden auf den Komoren in Höhenlagen von 1.000 bis 1.100 m ü. NN gezählt, wobei einzelne Exemplare auch bis 2.050 m ü. NN gesichtet wurden. Das Vorkommen dieser Subspezies scheint sich auf Gran Comore auf die Umgebung des Mount Karthala zu beschränken. Hier ist diese Unterart meist in kleinen Gruppen anzutreffen. Gelegentlich begegnet man ihr auch außerhalb des geschlossenen Waldes. Bijnens (in Louette 1988) hörte im Oktober 1985 auf Mohéli Rufe, die er den Kleinen Komoren-Vasapapageien zuordnete. Einen sicheren Beweis für die Existenz von *C. n. sibilans* auf Mohéli gibt es aber bislang nicht.

Die Subspezies *C. n. barklyi* kommt vornehmlich auf der Seychellen-Insel Praslin vor und wurde in der Vergangenheit gelegentlich auf der nördlicher gelegenen Insel Curieuse beobachtet. Während einer Bestandserfassung konnte auf Curieuse jedoch kein einziges Exemplar nachgewiesen werden (Reuleaux 2011). Frühere Forschungsreisender (Thibault 1907) gaben auch die ca. 10 km nordwestlich von Praslin gelegene Insel Aride als Heimat der Seychellen-Vasapapageien an.

Ausgiebige Freilandstudien sind bei den Kleinen Vasapapageien bislang nur auf den Seychellen vorgenommen worden. Die Deutsche Wissenschaftlerin Anna Reuleaux hielt sich mit einigen Unterbrechungen von 2009 bis 2012 auf Praslin auf und untersuchte dort die Nahrungsökologie, Brutökologie und die Populationsgröße dieser Unterart. Aus anderen Verbreitungsgebieten des Kleinen Vasapapageien sind Einzelheiten über ihr Freileben kaum bekannt. Gelegentlich erhielten die Verfasser Mitteilungen von Madagaskarreisenden, die von ihren seltenen Begegnungen mit diesen Vögeln erzählten. So wurde berichtet, dass Kleine Vasapapageien entweder paarweise oder auch in kleineren Gruppen ihren Tagesrhythmus gestalten. Häufig halten sie sich in den höheren Bereichen belaubter Bäume auf, wo sie genügend Deckung, Nahrung und auch ihre Nisthöhlen vorfinden. Sie ernähren sich von Sämereien, allerlei Früchten, Blüten und auch Beeren. So verzehren die Kleinen Vasapapageien beispielsweise Mangos und Guaven und suchen zum Leidwesen einheimischer Bauern auch kultivierte Anbauflächen auf, wo sie dann auf Bananen- und Kakaoplantagen einigen Schaden anrichten. Ansonsten ernähren sie sich aber vornehmlich von den Blüten- und Fruchtständen der Feigen (*Ficus*), Myrtengewächse (*Eugenia*) und der Palmengattung *Deckenia* sowie auch von denen zahlreicher anderer Bäume und Büsche. Auf Praslin konnten bei mehreren Untersuchungen (Reuleaux 2011) 42 Arten als Nahrungspflanzen für *C. n. barklyi* identifiziert werden, sodass es trotz saisonaler Schwankungen zu keiner Futterknappheit kam. Zu einem großen Teil setzt sich das tägliche Nahrungsspektrum der Vögel aus Früchten zusammen. Bei der Nahrungsaufnahme gehen die Seychellen-Vasapapageien sehr verschwenderisch vor. Viele Früchte mit nur einem Anbiss sind unter den Futterbäumen der Papageien gefunden worden. Auch auf Madagaskar ließ sich bei Untersuchungen zum Fressverhalten der Kleinen Vasapapageien eine Vorliebe für verschiedene Fruchtsorten feststellen (Bollen 2003, Bollen & van Elsacker 2004).

Auf Praslin halten sich die Kleinen Vasapapageien in tropischen Mischwäldern oder im Buschwerk auf. Hier zählen aber auch Kulturlandschaften und vor allem Palmwälder zu den Aufenthaltsorten der Papageien. Die einheimischen Palmen sind ein wichtiger Nahrungsfaktor, und zwei Palmenarten zählen zu den wichtigsten Nahrungslieferanten. Zusätzlich konnten die meisten Niststätten in einer dritten heimischen Palmenart nachgewiesen werden.

Insbesondere mit Beginn der Fortpflanzungsperiode machen sich die Kleinen Vasapapageien durch ihre Lautäußerungen bemerkbar. Über die Brutökologie der Art ist relativ wenig bekannt. Nur die Unterart *C. n. barklyi* scheint bislang in dieser Beziehung am besten untersucht worden zu sein. Baumhöhlen zählen zu den bevorzugten Brutstätten der Kleinen Vasapapageien, aber auch Astlöcher. Klammert man die Forschungsergebnisse auf der Insel Praslin einmal aus, dann sind für die anderen drei Unterarten in der Fachliteratur bislang nur eine Hand voll Brutstätten erwähnt, an denen auch Aktivitäten beobachtet wurden. Ansonsten wurden lediglich Angaben zum Brutbeginn und zur Gelegegröße gemacht; aus zwei bis drei Eiern besteht das Gelege. Es werden für das Freiland 18 Tage als durchschnittliche Inkubationszeit angegeben; die Nestlingszeit beträgt fünf bis sieben Wochen.

Auf Praslin wurden die aktiven Brutstätten der Brutsaison 2009/2010 (69 Brutstätten) sowie 2010/2011 (70 Brutstätten) mit dem GPS erfasst und einige von ihnen anschließend vermessen. Eine Infrarotkamera gab außerdem Aufschluss über die Anzahl der Eier bzw. der Jungvögel in

Seychellen-Vasapapageien

Gruppengrößen von fünf Individuen sind auf Praslin nicht selten.

diesen Höhlen. Hier wurden die ersten Bruthöhlen Ende November aufgesucht. Etwa gegen Mitte Dezember wurden dann die ersten, die meisten Eier jedoch gegen Ende Dezember in den Höhlen registriert. Als Unterlage für die Gelege dienten Palmfasern, die sich auf natürliche Weise auf dem Höhlenboden ansammeln oder von den Weibchen von den Innenwänden der Höhlen abgezogen werden. Die Gelegegröße besteht auch auf Praslin zumeist aus zwei bis drei

Ein Seychellen-Vasapapagei

von der Insel Praslin bei der Nahrungsaufnahme.

Eiern, die Inkubationszeit betrug 14 bis 17 Tage. In der Brutsaison 2009/2010 und im Folgejahr verließen von insgesamt 21 befruchteten Eiern 13 Jungvögel die Bruthöhle, dies ergibt eine Aufzuchtrate von 72,2 Prozent. Nestlinge wurden 2010 noch mit geschlossenen Fußringen (6 mm Innendurchmesser) gekennzeichnet; im Jahr 2011 nutzte man dafür offene Fußringe bei Jungvögeln, die kurz vor dem Verlassen der Nisthöhlen standen. Immer wurden die Jungvögel dabei auch auf Anzeichen von Parasiten, Unterernährung, Austrocknung und Federabnormalitäten untersucht. Des Weiteren wurden Blutproben für eine Geschlechtsbestimmung, einer DNA-Untersuchung und zum Nachweis von Krankheiten entnommen (Reuleaux 2011).

Bemerkenswert ist auch bei den Kleinen Vasapapageien die Kopulationszeit. So sind auf Praslin Zeitabschnitte von Kopulationen beobachtet worden, die 17 Minuten umfassten; die Gesamtdauer dieser Kopulationen dürfte jedoch noch länger gewesen sein.

Eine interessante Mitteilung erhielt einer der Verfasser im Jahr 2012 von der Forscherin Anna Reuleaux. Sie hatte Seychellen-Vasapapageien bis zum Januar 2012 zu Forschungszwecken ausschließlich im geschlossenen Wald gefangen. Am Morgen des 5. Januar 2012 konnten jedoch zwei Exemplare auch im Garten ihrer Unterkunft gefangen werden. Dort war ein Fangnetz neben einem Bilimbi-Baum aufgestellt und schließlich die Neugierde der Vögel ausgenutzt worden. Die Wissenschaftlerin benutzte einen kleinen Lautsprecher, um die Rufe der Seychellen-Vasapapageien, die sie in den Monaten zuvor aufgenommen hatte, direkt unter dem Netz abzuspielen. Die Papageien schienen diese Ruflaute so sehr zu interessieren, dass sich einzelne Exemplare immer näher an das Netz wagten und sich darin verfingen. Anschließend wurden die Vögel beringt und wieder freigelassen.

Status im Freiland und in Menschenobhut

Mit dem Rückgang der ursprünglichen Waldflächen auf Madagaskar sind auch die Bestände des Kleinen Vasapapageien dezimiert worden. Ein einheimischer Vogelfänger berichtete Schreuders (1995) von den Bestandsrückgängen der Art auf Madagaskar; die Papageien würden aufgrund ihrer Seltenheit nur noch sehr selten von Einheimischen gefangen. Anton Schreuders selbst konnte während seines dreiwöchigen Aufenthalts auf Madagaskar nur einmal ein Paar Kleine Vasapapageien in einem Mangrovenwald nahe der Ortschaft Ankarana beobachten. Wie bereits erwähnt, wirkt sich die Waldvernichtung unmittelbar auf die Population des Kleinen Vasapapageien aus. Die Habitatvernichtung ist der Hauptgrund für den anhaltenden Bestandsrückgang der Art. Hinzu kommt die Verfolgung als Ernteschädlinge und im geringeren Maße auch der Fang für den Tiermarkt.

Genaue Bestandsgrößen für die Nominatform und die Unterart *C. n. libs* sind für Madagaskar bislang nicht bekannt. Auf den Komoren wurden im Jahr 2008 insgesamt 578 Individuen von *C. n. sibilans* gezählt (Louette 2008); die Populationsgröße der Unterart *C. n. barklyi* auf den Seychellen-Inseln Praslin und Curieuse wird derzeit auf 520 bis 900 Individuen geschätzt (Reuleaux 2011). Die IUCN (International Union for Conservation of Nature) stuft den Bestand der Art derzeit als nicht gefährdet (= least concern) ein.

Laut den Jahresstatistiken des Bundesministeriums für Umwelt, Naturschutz und Reaktorsicherheit aus den Jahren 1984 bis 2011 wurden insgesamt 206 Kleine Vasapapageien nach Deutschland eingeführt. 1996 kam ein Nachzuchtexemplar aus den Philippinen in die BRD, 1995 ein gezüchtetes Exemplar aus Südafrika und 2002 wurden zwei Exemplare aus Malta importiert, die aus Madagaskar stammten. In den Jahren 1993 und 2001 wurden je 50 Wildfänge direkt aus Madagaskar importiert, 1984 waren es 32, 1986 und 1987 kamen je 20 und 1988 insgesamt 30 Kleine Vasapapageien aus Madagaskar in die Bundesrepublik Deutschland. Gemäß den Angaben der CITES-Behörde wurden zwischen 1983 und 1989 insgesamt etwa 2.500 Kleine Vasapapageien in die CITES-Mitgliedstaaten importiert!

In 17 europäischen Zoos sollen sich derzeit Kleine Vasapapageien befinden. Die meisten dieser Einrichtungen sind auch Mitglieder des Europäischen Erhaltungszuchtprojektes für Vasapapageien. Innerhalb der AZ-Nachzuchtstatistik werden die Kleinen Vasapapageien im Erfassungszeitraum 2000 bis 2012 nicht aufgeführt. Die derzeit wohl verlässlichste Erfassung der europäischen Bestände dieser Vogelart erfolgt innerhalb des nunmehr 11 Jahre existierenden und zuvor erwähnten Erhaltungszuchtprojektes. Hier sind derzeit 158 Individuen registriert, von denen etwa die Hälfte auf Wildimporte zurückgeht. Es lässt sich abschätzen, dass sich die europäische Volierenpopulation höchstens noch aus wenigen Hundert Exemplaren zusammensetzt und Zuchterfolge leider selten bleiben.

Kleine Vasapapageien

werden leider nur noch in kleinen Beständen in Menschenobhut gehalten.

Bisherige Bruterfolge in Menschenobhut

Bereits 1867 kam der erste Seychellen-Vasapapagei von der Insel Praslin in den Zoo London. Aufgrund der schlichten Gefiederfärbung ist die Art heute selten in Menschenobhut vertreten, sodass auch Zuchterfolge selten sind. Das genaue Jahr der Erstzucht des Kleinen Vasapapageis ist nicht bekannt. Wahrscheinlich gelang sie 1977 Herrn Winnen in Deutschland. Danach kam es vereinzelt zu Nachzuchterfolgen im Vivarium Darmstadt, im Loro Parque (Teneriffa, Spanien),

Kleiner Vasapapagei

in Brutstimmung; auch beim Kleinen Vasapapagei verfärben sich Haut und Schnabel während der Brutsaison.

im Chester Zoo (Großbritannien) und in Stichting Papegaaienhulp (Niederlanden). Bei den Privatzüchtern hatten in Deutschland H.-J. Geil, Dr. G. Sauer, H.-J. Rüblinger, U. Helmuth und J. Asmus Erfolge, in den Niederlande A. Schreuders und H. Harmsen sowie P. Schmid in der Schweiz. Allerdings sind es immer wieder die wenigen verlässlichen Zuchtpaare, die für derartige Erfolge sorgen, und bei vielen der vergesellschafteten Vögel ist die Ursache der ausbleibenden Nachzucht noch nicht erforscht.

Manfred Mang (Österreich) berichtete im Jahr 2009 in der Zeitschrift *Aktuelles aus der Vogelwelt* über einen misslungenen Fortpflanzungsversuch seiner Kleinen Vasapapageien. Fünf Eier wurden von seinem Weibchen gelegt, die sich alle als befruchtet herausstellten. Aus diesem Gelege schlüpften drei Jungvögel, bevor das Weibchen aufhörte, den Nachwuchs zu hudern, und somit auch das vierte Ei nicht mehr bebrütete. Der Züchter entschloss sich das letzte Ei in einen Inkubator zu geben. Hier schlüpfte schließlich auch noch das letzte Küken. Nachdem Herr Mang den künstlich erbrüteten Jungvogel zu seinen Geschwistern in die Bruthöhle gelegt hatte, wurden alle vier Küken binnen kürzester Zeit vom Weibchen getötet (Mang 2009).

Hans-Joachim Rüblinger aus Deutschland machte eine andere negative Erfahrung. Er erwarb 2009 ein über mehrere Jahre erfolgreiches Zuchttrio, das der Vorbesitzer aufgrund der Lautstärke der Vögel hatte abgeben müssen. Im April des Folgejahres zeigten sich bei den zwei Männchen nach einer Teilmauser erste hellgraue Federn. Das Trio begann in bewährter Weise mit der Zucht, und es wurde ein Gelege von fünf Eiern gezeitigt, von denen sich vier Eier als befruchtet erwiesen. Folgende Maße wurden für die Eier ermittelt: 35,0 x 29,3 mm, 36,3 x 29,8 mm, 36,4 x 29,3 mm, 36,5 x 29,2 mm und 36,4 x 29,2 mm. Das Durchschnittsgewicht lag bei 15 g. Vier Jungvögel schlüpften, allerdings wurde das zuletzt geschlüpfte Küken nur einige Tage alt. Zwischen dem 1. und 4. September 2010 flogen alle Jungvögel nacheinander aus. Direkt nach dem Ausfliegen brachen bei ihnen einige Handschwingen ab bzw. fielen aus. Später waren auch die Schwanzfedern betroffen. Einige Wochen danach zeigten sich erst vereinzelt, dann mehr und mehr hellgraue Federn. Eine DNA-Analyse ergab schließlich, dass diese Kleinen Vasapapageien an PBFD erkrankt waren. Die Vögel wurden schließlich der Uniklinik für Vögel in Leipzig zu Forschungszwecken übergeben. Während der Fortpflanzungsperiode maß Herr Rüblinger die Lautstärken der Bettelgeräusche der Jungen während der Futterübergabe, die im Halbstundentakt erfolgten und jeweils etwa 5 Minuten dauerten. Die dabei pausenlos vorgetragenen Bettellaute erreichten im Durchschnitt 80 bis 90 dB, in den Spitzen aber auch 105 dB.

Haltungserfahrungen der Verfasser

Die eigenen Haltungserfahrungen eines Verfassers (J. Asmus) erstrecken sich über einen Zeitraum von 1999 bis 2005. In einer 6 m langen und 2 m breiten Außenvoliere mit angeschlossenem Schutzraum wurde ein Paar der Nominatform untergebracht. Es handelte sich um zweijährige deutsche Nachzuchtvögel. Das Schutzhaus konnte während der kalten Jahreszeit auf ca. 10 °C erwärmt werden. Zu beiden Seiten dieser Voliere waren Aru-Edelpapageien (*Eclectus roratus aruensis*) bzw. Weißstirnamazonen (*Amazona albifrons*) untergebracht. Die Kleinen Vasapapageien störten sich nicht an der Anwesenheit dieser Papageien.

Bereits Mitte Februar begann das Paar mit ersten Fortpflanzungsaktivitäten. Die Ruflaute wurden ab dieser Zeit immer häufiger; das Weibchen rief dabei ausdauernder als das Männchen. Der Schnabel des Weibchens war zu dieser Zeit bereits hell hornfarben und die Färbung des nackten Augenrings bzw. der Wachshaut erkennbar heller als beim Männchen. Das Weibchen duldete das Männchen auch schon für längere Zeit in seiner Nähe. Zu beobachten waren jetzt oft Fütterungen des Weibchens durch das Männchen. Das Futter wurde jeweils mit starken, ruckartigen Bewegungen übergeben. Das Paar erhielt schließlich eine Naturstammnisthöhle mit einem Innendurchmesser von 30 cm, einer Höhe von 70 cm und einem Schlupflochdurchmesser von 9 cm Durchmesser. Auf den Boden der Nisthöhle wurde eine Schicht Hobelspäne eingebracht. In den darauf folgenden Tagen konnte beim Männchen die für den Kleinen Vasapapagei typische angeschwollene, fast hühnereigroße Kloake festgestellt und erste Kopulationen beobachtet werden. Fast immer saßen die Partner während der Paarung nebeneinander auf einem Ast, und sie ließen sich bis zu 35 Minuten dafür Zeit. Während der Kopulation umfasste das Männchen mit seinem Schnabel oft den des Weibchens, ohne es zu füttern. Während des Tretaktes gaben beide Vögel keine Laute von sich. Kurz nach der Trennung war die ausgestülpte Kloake des Männchens noch ungefähr zwei Minuten deutlich sichtbar. Eine enge soziale Paarbindung war bei den

Jungvögel

der Nominatform im Alter von etwa 20 Tagen.

Kleinen Vasapapageien nicht zu beobachten. Nach den Fütterungen und den Kopulationen vertrieb das Weibchen seinen Partner aus der direkten Umgebung. Die Nisthöhle wurde nun häufig durch das Weibchen aufgesucht. Mitte Mai wurde schließlich ein Dreiergelege gezeitigt, das 18 Tage lang bebrütet wurde. Die Fütterungen des Weibchens erfolgten nun immer im Schlupfloch der Bruthöhle, und die Schnäbel beider Tiere begannen sich ab diesem Zeitpunkt wieder dunkler zu färben. Die drei frisch geschlüpften Jungvögel wiesen an jeder Schnabelseite eine gelbe Wulst auf, die sich im Laufe der Nestlingszeit zurückbildete. Im Alter von etwa 10 Tagen wurden die Kleinen Vasapapageien mit einem 9,0-mm-Fußring gekennzeichnet. Die Aufzucht der Jungen erfolgte ausschließlich durch das Weibchen. Selbst nach dem Ausfliegen, im Alter von 39 Tagen, konnte keine direkte Futterübergabe des Männchens an den Nachwuchs festgestellt werden. Nach dem Verlassen der Bruthöhle vergingen noch etwa drei Wochen, bis die jungen Papageien selbständig waren.

Graupapagei

Psittacus erithacus

Die Gattung Psittacus Linné 1758 - *Graupapageien*

Die Gattung *Psittacus* teilt sich nach neuesten Untersuchungen der mitochondrialen DNA in zwei Arten auf. Der Graupapagei (*Psittacus erithacus*) ist die bekannteste Papageienspezies des afrikanischen Kontinents. Noch vor einigen Jahren wurden die Vögel massenhaft in ihren Heimatgebieten gefangen und anschließend in den weltweiten Handel gebracht. Der Graupapagei entwickelte sich innerhalb kürzester Zeit zu einem der beliebtesten Heim- und Volierenvögel überhaupt, wozu insbesondere sein enormes Nachahmungstalent beigetragen hat. Der farbliche Kontrast von grauer Grundgefiederfärbung und dem kräftig roten Schwanz macht den Graupapagei farblich attraktiver als seinen nahen Verwandten, den Timneh-Graupapagei (*Psittacus timneh*), der viele Jahrzehnte als eine Unterart der erstgenannten Spezies geführt wurde.

Die massenhaften Importe führten zu einem ständigen Angebot von Graupapageien bei den Händlern, so dass diese Vögel in der Folge relativ günstig zu erwerben waren. Aus diesem Grund richteten die Papageienliebhaber ihr Interesse nicht zwangsweise auf die Zucht von Graupapageien, sondern widmeten sich oft anderen Arten, die nicht ständig im Handel vertreten waren. Es entwickelte sich im Laufe der Zeit jedoch ein Markt, der sich aus der Nachfrage von handaufgezogenen Graupapageien ergab. Solche auf den Menschen fixierte Papageien schienen für die Käfighaltung bessere Voraussetzungen zu bieten als die Wildentnahmen, die oftmals scheu blieben und in Gefahrensituationen nicht selten auch ihre „störenden" Naturlaute wiedergaben. Zutrauliche, mit der Hand aufgezogene Graupapageien mussten nicht erst gezähmt werden und konnten sich sofort mit dem Erlernen von menschlichen Lauten sowie Umgebungsgeräuschen befassen.

Leider entwickelten sich die anfänglich liebenswerten und auf den Menschen fixierten Graupapageien allzu oft zu Vögeln mit Verhaltensauffälligkeiten, die nicht selten auf eine falsche Behandlung oder auf zu wenige Beschäftigungsmöglichkeiten zurückzuführen waren. In der Gegenwart existiert der Markt für handaufgezogene Graupapageien zwar immer noch, aber zunehmend setzt sich die Auffassung durch, dass derart intelligente Tiere besser in der Elternaufzucht auf artgleiche Partner sozialisiert werden sollten, um mit diesen gemeinsam ihre arttypischen Verhaltensweisen ausleben zu können und zum Erhalt ihrer Art beizutragen.

Nach dem Importstop von Vögeln in die Europäische Union im Jahr 2005 mussten sich die Papageienzüchter umorientieren. Denn der Bedarf an Graupapageien konnte ab diesem Zeitpunkt nur noch aus den eigenen Zuchten gedeckt werden. Obwohl Graupapageien noch zahlreich in menschlicher Obhut vertreten sind, wird man in Zukunft verantwortungsvoller mit den Vögeln umgehen müssen, will man die früheren Importzahlen durch gezüchtete Vögel ersetzen. In zoologischen Einrichtungen sind Graupapageien fast immer anzutreffen, dies resultiert sicherlich ebenfalls aus ihrem Beliebtheitsgrad.

Graupapageien bevölkern hauptsächlich die tropischen Regenwälder in Zentral- und Westafrika. Gelegentlich sind diese Papageien auch an den Waldrändern in den daran angrenzenden Feuchtsavannen sowie in Mangrovengebieten anzutreffen. Auch an diese Lebensräume angrenzende Kulturflächen und Gärten werden von ihnen aufgesucht, jedoch menschliche Siedlungen gemieden. Es ist bekannt, dass sich die scheuen Graupapageien tagsüber paarweise oder zu kleineren Gruppierungen zusammenfinden und sich am Abend in großer Zahl an den Übernachtungsplätzen treffen. Einige Informationen gibt es auch zur Nahrungsökologie, aber ansonsten ist das Freileben der Graupapageien kaum erforscht.

In der Roten Liste der IUCN werden beide *Psittacus*-Arten als „vulnerable" (= verwundbar) aufgeführt; nach dem Kap-Papagei (*Poicephalus robustus*) haben die beiden Arten zusammen mit dem Rußköpfchen (*Agapornis nigrigenis*) derzeit den zweithöchsten Gefährdungsgrad unter allen afrikanischen Papageien. Die Lebensraumvernichtung und der anhaltende Fang für den internationalen Handel gelten als Hauptursache für weitere Bestandsrückgänge. Insbesondere der Timneh-Graupapagei scheint in dieser Hinsicht die schlechteren Voraussetzungen für eine Bestandsstabilisierung zu besitzen, denn die Habitatvernichtung ist in seinen westafrikanischen Heimatgebieten bereits zu sehr fortgeschritten. Da er auch in Menschenhand lange nicht so verbreitet ist wie der Graupapagei, sollte in Zukunft ernsthaft über eine Arterhaltungsinitiative nachgedacht werden.

Timneh-Graupapagei

Psittacus timneh.

Graupapagei
Psittacus erithacus Linné 1758

Gesamtlänge: etwa 35 - 40 cm
Gewicht: 350 - 600 g
Geschlechtsunterschiede: Männchen und Weibchen sind gleich gefärbt
Gelegegröße: 2 - 4 Eier
Brutdauer: 28 - 30 Tage
Nestlingszeit: (in Menschenobhut) 77 - 91 Tage
Gesetzesstatus: WA II / B (Artenschutzring, Meldepflicht und Herkunftsnachweis)

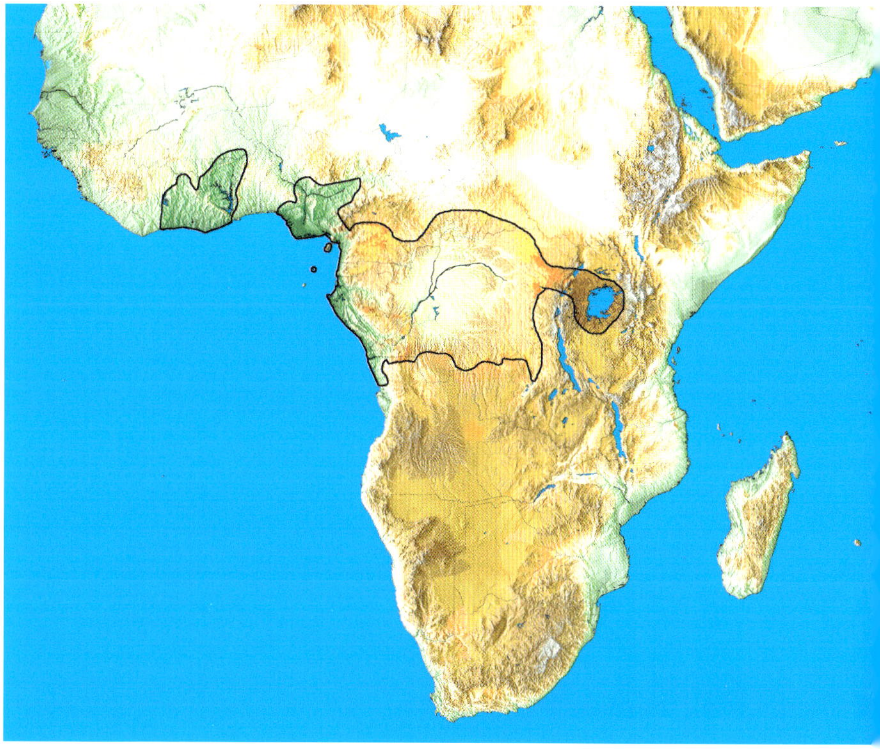

Graupapagei

Verbreitungskarte.

Systematik und Unterartenproblematik

Bei einigen Systematikern wird der Graupapagei in drei Unterarten aufgeteilt. Besonders die dritte Subspezies *Psittacus erithacus princeps* sorgte in der Vergangenheit immer wieder für Gesprächsstoff unter den Fachleuten. Diese nur auf den Westafrika vorgelagerten Inseln Principé und Bioko lebende Unterart soll nach Angaben ihres Erstbeschreibers, dem im britischen Militärdienst stehenden Ornithologen Boyd Alexander (1873 – 1910), größer als die Nominatform und auch dunkler als diese gefärbt sein (Alexander 1909). Des Weiteren sollen die grauen Federn der Körperunterseite dunkelblaue Ränder aufweisen. In zahlreichen Publikationen wird diese Subspezies zwar erwähnt, jedoch immer auch ihre zweifelhafte systematische Stellung hervorgehoben und ihre Validität bezweifelt. Bannermann (1914) war der erste, der kurz nach der Erstbeschreibung von *P. e. princeps* bezweifelte, ob es sich um eine Unterart handelte. In der jüngeren Literatur führte die mangelhafte phänotypische Unterscheidbarkeit zur Nominatform zum Wegfall von *princeps*, zumal die bei der Inselform beschriebenen taxonomischen Eigenschaften nur etwa bei der Hälfte der Gesamtpopulation auftreten und zudem auch innerhalb der Variationsbreite der Nominatform liegen. Nach neuesten genetischen Untersuchungen eröffnet sich allerdings eine ganz neue Fragestellung (Melo & O'Ryan 2007). Die mitochondriale DNA aller drei früheren Taxa wurden verglichen, und man gelangte zu dem Ergebnis, dass die bisher als Unterart angesehene Form *timneh* aufgrund von morphologischen, genetischen und biogeografischen Differenzen künftig als eigenständige Spezies *Psittacus timneh* geführt werden muss. Auch zu *princeps* wurden Aussagen hinsichtlich der Validität getroffen. Anhand der Vergleiche von Fragmenten der mitochondrialen DNA wird nunmehr vermutet, dass es sich bei den derzeit auf Principé lebenden Graupapageien um zwei Populationen handelt, die genetisch deutlich voneinander unterschieden werden können. Die eine Population wird genetisch näher zu *P. erithacus* gestellt, die andere weist eine engere Verwandtschaft zu *P. timneh* auf und müsste zukünftig als Subspezies *Psittacus timneh princeps* geführt werden. Inter-

links: Graupapagei (Psittacus erithacus)

Graupapagei

Rotbäuchiger Graupapagei

Die Aufnahme zeigt ein noch junges Tier mit dunkler Iris.

essanterweise wird die systematische Neueinteilung von *P. erithacus* und *P. timneh* in neuesten Veröffentlichungen bereits berücksichtigt, sodass die Verfasser ebenfalls dieser Richtung folgen und beide Taxa als eigenständige Arten führen, wobei *princeps* als Unterart dem Timneh-Graupapagei zugeordnet wird.

Psittacus erithacus (Linné, 1758) - Graupapagei: Äquatorialafrika von der südöstlichen Elfenbeinküste weiter östlich bis West-Kenia reichend, südlich bis Nord-Angola, den südlichen Teilen des Kongo und Nordwest-Tansania; Inseln Principé und Bioko.

Beschreibung

Die Geschlechter sind gleich gefärbt. Die Grundgefiederfärbung ist hell- bis mittelgrau, die Handschwingen sind schwarzgrau, die unbefiederten Gesichtsteile weiß. Schwanz und Schwanzdecken sind rot, Schnabel und Füße dunkelgrau bis schwarz, die Iris ist blassgelb gefärbt.

In der Färbung gleichen die Jungvögel den Eltern; die Schwanzspitze ist zuerst noch dunkelrot und die Unterschwanzdecken sind rot mit einem grauen Anflug. Jungvögel besitzen eine noch dunkle Irisfärbung. Sie ist zunächst schwarz oder dunkelgrau, hellt sich dann immer mehr auf und erreicht beim erwachsenen, geschlechtsreifen Vogel schließlich eine blassgelbe Färbung. Gesamtlänge ca. 33 cm.

Immer wieder werden auch so genannte „Königsjakos" in der Literatur erwähnt und teilweise zu hohen Preisen in Annoncenteilen der Fachzeitschriften oder im Internet angeboten. Bei den Königsjakos handelt es sich um Vögel, die in ihrem sonst grauen Grundgefieder variable Rosa- oder Rotanteile besitzen. Dies ist keine seltene Mutation bei diesen Vögeln, sondern eine Gefiedermodifikation, die zumeist auf unzureichende Haltungsbedingungen zurückgeht. Anders scheint sich dagegen die Vererbung der Rotbäuchigkeit bei Graupapageien dazustellen, die bereits bei der Gefiederentwicklung von Jungvögeln sichtbar ist (Mohr 2012). Im Jahr 2012 hat ein rotbäuchiges Paar bei dem südafrikanischen Züchter Hennie Diedericks einen vollständig roten Vogel hervorgebracht.

Häufig wird von Haltern der Ausdruck „Kongo-Graupapagei" verwendet. Tatsächlich stammen die wenigsten in Menschenobhut existierenden Graupapageien aus der „Demokratischen Republik Kongo". Sie unterscheiden sich in der Gefiederfärbung auch nicht von „normalen" Graupapageien, sodass eine Verwendung dieses Namens nicht gerechtfertig ist.

Ein Schwarm Graupapageien

bei der Aufnahme mineralhaltiger Erde.

Verbreitung und Freileben

Als Lebensraum bevölkern Graupapageien Waldgebiete in Flachlandregionen, Waldränder und auch Galeriewälder. Zur Nahrungsaufnahme suchen diese Vögel zusätzlich Savannengebiete und offene Landstriche auf, aber auch Mangroven. Gelegentlich fallen sie in kultivierte Nutzflächen ein, wo sie vor allem in Maiskulturen und Ölpalmen-Plantagen Schaden anrichten können. Graupapageien kommen in Höhenlagen bis zu 2.200 m ü. NN. Ihr Verbreitungsgebiet umfasst eine Gesamtfläche von ungefähr 3.050.000 km^2.

Außerhalb der Brutzeit sind diese Papageien zumeist in Schwärmen anzutreffen, die sich nicht selten aus 100 oder mehr Individuen zusammensetzen. Die Nacht verbringen sie in Schwärmen von manchmal Tausenden von Exemplaren auf Schlafbäumen, die gegen Morgen in Gruppen oder auch paarweise zur Nahrungssuche wieder verlassen werden. Häufig findet die Nahrungsaufnahme in den Bäumen statt, und nur selten begeben sich die Graupapageien zum Fressen auf den Erdboden, wo sie dann zumeist mineralhaltige Erde aufnehmen.

Das Nahrungsspektrum der Graupapageien umfasst allerlei Sämereien, Nüsse, Früchte und Beeren. Die Fruchtstände der Ölpalme (*Elaeis guineensis*) werden oft als eine bevorzugte Nahrung der Graupapageien erwähnt; es wird immer nur das fasrige, besonders ölhaltige Fruchtfleisch verzehrt.

Während der Mittagszeit legen die Graupapageien eine Ruhephase ein; in dieser Zeit gehen die Vögel der Gefiederpflege und anderen sozialen Verhaltensweisen nach oder sie dösen einfach nur vor sich hin. Am Nachmittag nehmen sie dann nochmals in bereits erwähnter Form ihre Nahrung auf und begeben sich in den Abendstunden wieder zu ihren angestammten Schlafplätzen.

Graupapagei

Über die Fortpflanzungsbiologie der Graupapageien in ihren Heimatgebieten ist nur wenig bekannt. Unterschiedlichen Publikationen zufolge gibt es für diese Spezies sehr wahrscheinlich keine festen Brutzeiten. So wurden in verschiedenen Gegenden ihres Verbreitungsgebietes brutaktive Graupapageien zu fast allen Zeiten des Jahres beobachtet. Als Niststätten wählen diese Papageien Höhlen in vorzugsweise großen Bäumen aus, wie beispielsweise in Limbabäumen (*Terminalia superba*), Kapokbaum (*Ceiba pentandra*) oder Movingui (*Distemonanthus benthamianus*). Oft befindet sich auf dem Boden derartiger Höhlen Holzmulm, auf dem später zwei bis drei, seltener vier Eier gelegt werden. Das Weibchen brütet allein. Während der Brut verweilt das Männchen oft in der unmittelbaren Nähe der Höhle und füttert sein Weibchen. Dies geschieht auch noch während der ersten Lebenstage der Jungvögel; mit dem Heranwachsen der Küken begibt sich auch das Weibchen auf die Nahrungssuche, und das Männchen beteiligt sich direkt an der Fütterung des Nachwuchses. Etwa 80 Tage dauert es, bis die voll befiederten Jungvögel die Nisthöhle verlassen.

***Graupapageien** bevorzugen zum Brüten besonders große Bäume; diese Aufnahme entstand in Uganda.*

Status im Freiland und in Menschenobhut

Der Graupapagei ist unter den Papageien die wohl „intelligenteste" Spezies, oder wertfreier ausgedrückt: eine Art mit hohem kognitiven Leistungsvermögen. Zahlreiche Geschichten über die Gelehrigkeit dieser Papageien und das fast schon sagenumwobene Nachahmungstalent einiger Exemplare füllten bereits zum Ende des 19. Jahrhunderts große Teile von Zeitschriften und Büchern. Der Wunsch, einen zahmen und sprechenden Papagei in den eigenen vier Wänden zu halten, erfüllte viele Menschen auf der ganzen Welt. So ist es nicht verwunderlich, dass auch beim Graupapagei wohl der Mensch die größte Gefahr für das Fortbestehen der Art darstellt. Der weltweite Handel mit diesen Tieren hatte noch vor Jahren Dimensionen erreicht, die nicht weiter hinnehmbar waren. Der britische Umweltschützer, Autor und Fotograf Dave Currey machte 1993 bekannt, dass jedes Jahr etwa 20.000 Graupapageien über die Elfenbeinküste und circa 13.000 Individuen über Togo aus Afrika herausgeschmuggelt werden (Currey 1993). Aber auch in anderen Gebieten des Verbreitungsgebietes boomt der Fang und Handel mit Graupapageien nach wie vor, so dass er (neben dem Mohrenkopfpapageien) in Vergangenheit und Gegenwart weltweit die höchsten Exportzahlen unter allen Papageien aufweisen dürfte.

Die Habitatvernichtung ist eine weitere durch den Menschen verursachte Bedrohung für Graupapageien. Auf ein Leben im Wald angewiesen, werden die Lebensräume dieser Papageienart durch Abholzungen immer weiter dezimiert.

Häufig weichen Waldflächen neuen Anbaugebieten von Ölpalmen-Plantagen oder sie werden zur Holzgewinnung für die Möbelindustrie gerodet.

Die Bedrohung durch natürliche Feinde, wie sie von einigen Greifvogelarten ausgeht, scheint dagegen keine große Gefahr für die Graupapageien darzustellen. Nur durch die Einrichtung weiterer Schutzgebiete, den Erlass von Fang- und Handelsverboten und Überwachung von ihrer strikten Einhaltung, aber auch durch die Förderung von Ökotourismus und Sensibilisierung der einheimischen Bevölkerung könnte eine Trendwende erreicht werden.

Gegenwärtig wird der Graupapagei in seinem Verbreitungsgebiet noch als häufig vorkommend bezeichnet. Aktuellen Schätzungen von BirdLife International zufolge soll sich der Gesamtbestand global zwischen 560.000 und 12.700.000 Individuen bewegen. Derzeit wird die Wildpopulation als „gefährdet" (= vulnerable) eingestuft und im Anhang II des Washingtoner Artenschutzübereinkommens gelistet.

In Menschenhand wird der Graupapagei zahlreich gehalten, und auch die Zucht dieser Vögel gelingt oft ohne Probleme. Offiziell dürfen seit 2005 keine Vögel mehr aus ihren Ursprungsgebieten in die Europäische Union importiert werden, was den Bestand in den europäischen Haltungen nicht in dem Maß negativ beeinflusst, wie anfangs noch befürchtet worden war. Viele der zuvor importierten Vögel hatten ihren Weg vom Importeur über den Händler zum Endverbraucher gefunden, der in den meisten Fällen nicht der Züchter war, sondern ein Vogelliebhaber, der einen intelligenten und sprachbegabten Papagei in den eigenen vier Wänden wollte.

Laut CITES-Jahresstatistik für Deutschland sind allein zwischen 1996 und 2011 insgesamt 8.839 Graupapageien nach Deutschland gebracht worden. In dieser Statistik wurden zwar *P. erithacus* und *P. timneh* zusammengefasst, geht man aber nach den angegebenen Ursprungsländern, in denen der Graupapagei noch vorkommt, ergibt sich, dass in diesem Zeitraum allein 5.784 Graupapageien eingeführt wurden. Unklar bezüglich ihrer Artzugehörigkeit sind 400 Individuen, die 1996 aus dem Senegal nach Deutschland kamen. Im Senegal kommt keine der beiden Graupapageien-Arten vor. Von 1986 bis 1995 kamen nach den Zahlen dieser Statistik nicht weniger als 62.199 wildgefangene Graupapageien beider Arten nach Deutschland.

Ein Paar Graupapageien

bei der gegenseitigen Gefiederpflege.

In fast jedem Zoo oder Vogelpark Europas sind Graupapageien zu sehen. Wahrscheinlich ist die Art auch der in diesen Einrichtungen zahlenmäßig am stärksten vertretene afrikanische Papagei überhaupt.

Nach der AZ-Nachzuchtstatistik der Jahre 2000 bis 2012 wurden vom Graupapagei insgesamt 3.701 Exemplare nachgezogen. 360 Exemplare wurden laut Nachzuchtstatistik der Jahre 2000, 2002, 2008 und 2011 innerhalb der Vogelzüchtervereinigung VZE gezüchtet.

Ein harmonierendes Paar

ist Voraussetzung für die Zucht von Graupapageien.

Bisherige Bruterfolge in Menschenobhut

Mitte des 15. Jahrhunderts sollen portugiesische Seefahrer Graupapageien nach Europa gebracht haben. Möglicherweise sind erste lebende Vögel dieser Art aber auch schon im Römischen Reich gehalten worden. Zum Ende des 19. Jahrhunderts wurden diese Papageien schließlich in großen Stückzahlen nach Europa gebracht und fanden hier immer mehr Verbreitung in der breiten Bevölkerung. Zuvor war es meist nur wohlhabenden Menschen möglich, einen Graupapagei als Käfigvogel zu halten, der auch als eine Art Statussymbol galt. Nachdem Graupapageien in ihrem Anschaffungspreis etwas erschwinglicher und dementsprechend häufiger gehalten wurden, blieben auch die ersten Zuchtversuche mit ihnen nicht aus. Die Welterstzucht gelang wahrscheinlich bereits zu Beginn der 1770er Jahre in Frankreich bei Madame de la Pideonière (Lepperhoff 2007). Die englische Erstzucht erfolgte 1843 bei E. J. Boosey (Low 1989) und in Deutschland war 1899 ein Herr F. Lotze in Paderborn erfolgreich (Robiller 1997). Seit dieser Zeit gelangen immer weitere Zuchten, und zahlreiche Züchter berichteten über ihre Erfahrungen mit den Graupapageien. Eine der bislang wohl beeindruckendsten Erfolge hatte V. Harts in den USA . Zwischen 1962 und 1974 zog dieser Züchter insgesamt 87 Jungvögel von Hand auf.

Anfangs bereitete die Geschlechtsbestimmung Schwierigkeiten, da die Geschlechter nicht zu unterscheiden sind. Gleichgeschlechtliche Verpaarungen waren solange an der Tagesordnung, bis endlich die Möglichkeit der endoskopischen Geschlechtsbestimmung bestand.

Mitunter wurden Zuchterfolge unter nicht üblichen Haltungsbedingungen erzielt. Die britische Papageienspezialistin Rosemary Low (2000) berichtet über eine Gemeinschaftsvoliere bei den südafrikanischen Züchtern Mike und Terry Thom, in der sechs Paare Graupapageien friedlich miteinander lebten. Die Voliere für diese Gruppe war 13 m lang, 2,10 m hoch und 4,20 m breit. Die Nistmöglichkeiten befanden sich ausnahmslos im Schutzraum. Jedes Jahr schritten die Graupapageien zur Brut, die Jungvögel wurden allerdings im Alter von zwei bzw. drei Wochen zur Handaufzucht entnommen. Innerhalb dieser Graupapageiengruppen konnten niemals ernsthafte Aggressionen beobachtet werden, lediglich kleinere Beißereien ohne Verletzungen wurden manchmal registriert.

Mehrmals ist auch über Fortpflanzungserfolge in Zimmerkäfigen berichtet worden, die allerdings häufig nicht dem Grundsatz einer artgerechten Unterkunft entsprachen.

Haltungserfahrungen der Verfasser

Von 2000 bis 2005 konnte einer der Verfasser (JA) Erfahrungen mit drei Paaren Graupapageien sammeln. Im Oktober 2000 erwarb er ein älteres Paar „Kongo"-Graupapageien. Die Vögel waren Wildfänge, stammten ursprünglich aus Zaire (dem heutigen Kongo) und waren 1997 nach Deutschland gekommen. Ihnen folgte im Juli 2001 ein Männchen und Anfang November 2001 ein Weibchen, welche zu Paar 2 zusammengestellt wurden. Das Männchen war 1996 und das Weibchen im Jahr 1995 aus Zaire importiert worden. Das Weibchen wurde von 1995 bis 2001 als Käfigvogel gehalten und musste vom Vorbesitzer aufgrund von Verhaltensauffälligkeiten abgeben werden. Im Januar 2002 wurde schließlich das dritte Paar Graupapageien angeschafft, ein deutsches Nachzuchtpaar aus dem Jahr 1997.

Alle drei Paare wurden in Volieren einheitlicher Bauart untergebracht, die Bestandteil einer Zuchtanlage für weitere Papageien waren. Jede Unterkunft für ein Paar der Graupapageien setzte sich aus einer Außenvoliere mit daran angeschlossenem Schutzhaus zusammen. Die Außenvolieren waren 6 m lang, 2 m hoch und 1 m breit. Die Innenvolieren hatten Grundmaße von 2 m Länge, 2,30 m Höhe sowie 1 m Breite und waren durch einen Futtergang an der Rückseite miteinander verbunden. In den Innenräumen waren die Futter- und Trinkgefäße sowie die Nisthöhlen angebracht. Als Brutstätten wurden für die gern nagenden Graupapageien Naturstammnisthöhlen aus Eichenholz bereitgestellt, die jeweils einen Innendurchmesser von 30 cm und eine Höhe von 60 cm aufwiesen. An der Seite befanden sich Kontrollklappen, die eine regelmäßige Kontrolle zulassen sollten.

Ein Weibchen

an der Bruthöhle.

Paar 1 erwies sich als sehr scheu. Immer wenn sich Personen in unmittelbarer Nähe der Außenvoliere aufhielten, verschwanden beide Vögel sehr schnell in die Innenvoliere. Von dort aus beobachteten sie das Geschehen durch das tagsüber stets geöffnete Flugloch. Dieses Verhalten änderte sich während der gesamten Haltungszeit nicht, und Fortpflanzungsaktivitäten konnten bei diesem Paar bis Ende 2001 nicht festgestellt werden.

Interessant wurde es, nachdem im November 2001 Paar 2 in der unmittelbaren Nachbarschaft von Paar 1 zusammengestellt wurde. Das Männchen befand sich dort bereits seit etwas mehr als vier Monaten. Das Weibchen hatte eine zweimonatige Quarantänezeit und war froh, einen Partner zu bekommen. Beide verstanden sich auf Anhieb sehr gut und zeigten auch nur wenig Scheu gegenüber dem Verfasser. Das Männchen näherte sich ihm sogar, wenn er sich an der Stirnseite

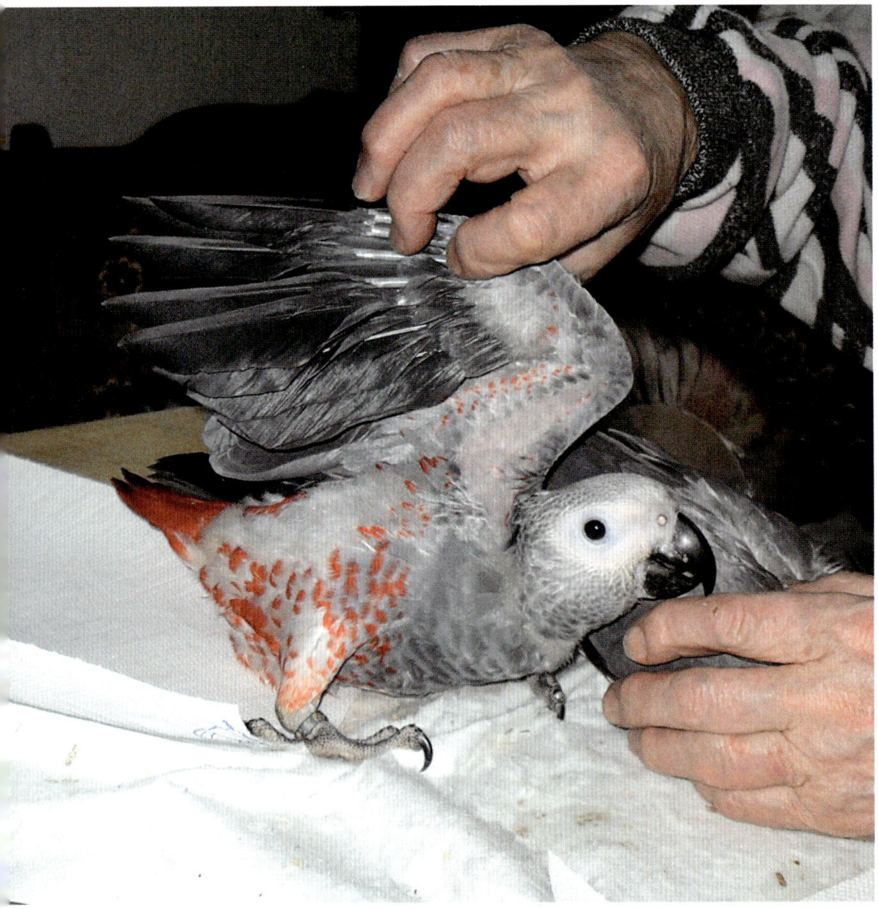

Junger Graupapagei

im Alter von 40 Tagen; die rote Bauchzeichnung ist ungewöhnlich und nur bei wenigen Vögel anzutreffen.

der Außenvoliere befand, zeigte Drohgebärden und versuchte sogar durch das Drahtgeflecht hindurch zu beißen. Das Weibchen hielt immer etwas mehr Abstand. Wenn sich die Lage wieder beruhigt hatte, suchten beide Vögel einen gemeinsamen Platz im hinteren Teil der Voliere auf; hier hakten sie freundschaftlich die Schnäbel ineinander und kraulten sich anschließend. Nur drei Wochen nach der Vergesellschaftung von Paar 2 konnte das erste Ei in der Nisthöhle festgestellt werden! Zu diesem Zeitpunkt war auch zu beobachten, dass sich Paar 1 zunehmend in seiner Nisthöhle aufhielt. Paar 2 zeitigte schließlich ein Dreiergelege, und nur zwei Wochen später konnte auch beim Paar 1 ein Gelege von drei Eiern festgestellt werden.

Bei den täglichen Nisthöhlenkontrollen erwies sich das Männchen vom Paar 2 als äußerst aggressiv. Das Weibchen verließ dabei niemals das Gelege und äußerte seinen Unmut mit den typisch krächzenden Lautäußerungen eines Graupapageis; das Männchen näherte sich bis auf kürzeste Distanz dem Verfasser, um ihn zu attackieren. Bei Paar 1 verliefen die Nisthöhlenkontrollen hingegen problemlos; das Weibchen verließ während der täglichen Fütterung bereits das Gelege, und beide Paarpartner flogen vorübergehend in die Außenvoliere, was genügend Zeit zum Überprüfen der Höhle brachte. Bei beiden Paaren hielten sich auch die Männchen eine Zeitlang mit ihrer Partnerin in der Bruthöhle auf.

Nach einer Brutzeit von 30 Tagen schlüpften bei Paar 1 insgesamt drei Jungvögel. Bei Paar 2 erwies sich ein Ei als unbefruchtet, aus den zwei restlichen Eiern schlüpften aber Junge. Beide Paare zogen ihren Nachwuchs problemlos auf, so dass die jungen Graupapageien nach 82 bis 85 Tagen ihre Nisthöhle verließen.

Paar 3 ließ sich leider nicht sofort von dem Brutverhalten der beiden anderen Paare animieren. Bei ihm dauerte es noch fast zwei Jahre, bis es erstmals ein Junges erfolgreich aufzog. Paar 1 und 2 wiederholten ihren Erfolg vom Vorjahr im Januar 2003. Von beiden Paaren konnten je zwei Jungvögel aufgezogen werden, wobei das Paar 2 seinen Nachwuchs aus unerklärlichen Gründen nur bis zur dritten Lebenswoche fütterte. Diese beiden Jungen mussten zur Handaufzucht entnommen werden, gediehen aber dennoch prächtig. Mit dem Erreichen der Selbständigkeit wurden die handaufgezogenen Graupapageien mit den anderen beiden Jungvögeln des ersten Paares vergesellschaftet und somit recht gut sozialisiert. Anfang 2004 und auch im Folgejahr hatten alle drei Graupapageienpaare Nachwuchs zu betreuen, und auch das Paar 2 zog in diesen Jahren seinen Nachwuchs wieder selbst auf.

Timneh-Graupapagei
Psittacus timneh Fraser 1844

Gesamtlänge: etwa 28 - 31 cm
Gewicht: 300 - 450 g
Geschlechtsunterschiede: Männchen und Weibchen sind gleich gefärbt
Gelegegröße: 2 - 4 Eier
Brutdauer: 26 - 30 Tage
Nestlingszeit: (in Menschenobhut) 77 - 90 Tage
Gesetzesstatus: WA II / B (Artenschutzring, Meldepflicht und Herkunftsnachweis)

Systematik und Unterarten

Der Timneh-Graupapagei besitzt im Gegensatz zu seinem nahen Verwandten, dem Graupapagei, ein relativ kleines Verbreitungsgebiet. Berichten zufolge überlappen sich die Verbreitungsgebiete beider Arten in der Nähe von Abidjan im Südosten der Elfenbeinküste, ohne dass sich jedoch die Vögel dort vermischen. Auf den Inseln Bioko und Principé ist dies wahrscheinlich auch der Fall. Neben den morphologischen, genetischen und biogeografischen Unterschieden beider Graupapagei-Spezies deutet auch diese Tatsache auf eine eindeutige Trennung auf Artebene hin. Uber die Diskussionen zur systematischen Stellung des Timneh-Graupapageien wurde bereits im vorangegangenen Kapitel beim Graupapageien geschrieben. Zwar ist die Validität der auf den Inseln Bioko und Principé heimischen Subspezies *princeps* noch nicht abschließend geklärt, doch wir haben uns der Auffassung von Melo & O'Ryan (2007) und Schnitker (2011) angeschlossen und listen *princeps* hier als Unterart des Timneh-Graupapageis.

1. *Psittacus timneh timneh* Fraser 1844 – Timneh-Graupapagei: Von den westlichen Landesteilen der Elfenbeinküste über Liberia, Sierra Leone, Guinea weiter westwärts bis Guinea-Bissau. Eventuell noch kleine Bestände in Süd-Mali. Früher auch im Senegal heimisch; dort wurde die Art durch den Fang für den Handel und die Habitatvernichtung ausgerottet.
2. *Psittacus timneh princeps* Boyed Alexander 1909 – Prinipé-Graupapagei: Inseln Principé und Bioko (Äquatorialguinea).

Timneh-Graupapagei

Verbreitungskarte

Beschreibung

Beide Geschlechter sind gleich gefärbt. Die Grundgefiederfärbung ist dunkelgrau. Die Unterschwanzdecken sind ebenfalls dunkelgrau und mit einem rötlichen Anflug überzogen. Die Schwanzfedern sind rotbraun und besitzen braune Ränder. Der Oberschnabel ist hornfarben und besitzt eine schwarzer Spitze, der Unterschnabel ist schwarz. Die Füße sind dunkelgrau. Größe etwa 30 cm.

Merkmale für eine Unterscheidung der zwei Unterarten:

1. *Psittacus timneh timneh*: Die Grundgefiederfärbung ist dunkelgrau, und die Schwanzfedern sind rotbraun. Der Oberschnabel ist hornfarben, der Unterschnabel schwarz.
2. *Psittacus timneh princeps*: Die Grundgefiederfärbung ist dunkel- bis schwarzgrau, die Schwanzfedern sind rot, Ober- und Unterschnabel schwarz.

Verbreitung und Freileben

Der Timneh-Graupapagei ist in Westafrika aufgrund der intensiven Habitatsvernichtung nur noch lokal anzutreffen. Eine isolierte Population existiert in Guinea-Bissau in den dort übrig gebliebenen Waldgebieten, und nach unbestätigten Angaben soll er auch noch in Süd-Mali vorkommen. Das Zentrum seines Verbreitungsgebietes liegt in Liberia. Hier schritt die Habitatsvernichtung in den letzten Jahrzehnten aber schnell voran, zusätzlich war dieses Land einst Hauptexporteur für diese Papageienart. Nach groben Schätzungen steht dem Timneh-Graupapagei in Westafrika noch eine Gesamtfläche von ungefähr 314.000 km² zur Verfügung. Jedoch sollte diese Gebietsgröße nicht darüber hinwegtäuschen, dass die Art oft nur in isolierten Populationen vorkommt. Unter diesen ist aufgrund der geringen Entfernungen in den meisten Fällen noch ein genetischer Austausch der Vögel untereinander möglich; verschlechtern darf sich die Situation jedoch nicht. Anders sieht es wahrscheinlich bei der Population in Guinea-Bissau und den dazugehörigen etwa 60 Schwemmlandinseln der Bijagos-Inselgruppe aus. Zwischen den dort vorkommenden Individuen und der nächsten Population in Sierra Leone liegt bereits eine Entfernung von rund 380 km.

links: Timneh-Graupapagei (P. t. timneh)

Principé-Graupapagei

P. timneh princeps; der Balg stammt aus dem Nederlands Centrum voor Biodiversiteit, Naturalis, Leiden.

Timneh-Graupapageien leben in geschlossenen Waldgebieten; sie werden aber auch an Waldrändern, auf Lichtungen, in Galeriewäldern, Mangroven, mit Bäumen bestandenen Savannenlandschaften, kultivierten Anbauflächen und mitunter auch in Gärten beobachtet. Während der Trockenzeit kommt es zu saisonalen Abwanderungen, und die Vögel ziehen aus den trockensten Teilen ihres Vorkommens in geeignetere Nahrungsgebiete.

In Guinea-Bissau leben die Timneh-Graupapageien hauptsächlich in den Mangrovenwäldern und den noch vorhandenen Regenwaldgebieten im Westen bzw. im Innern des Landes. In Guinea findet man die Art nur im Hochland, das noch mit dichtem Regenwald durchzogen ist. Von Sierra Leone sind nur noch das Landesinnere und der Süden bewaldet. Hier bewohnen Timneh-Graupapageien die Mangroven-, Sumpf-, Regenwald- und Feuchtsavannengebiete. In Liberia sind Mangroven- und Regenwälder sowie die mit Elefantengras bewachsenen Feuchtsavannen Lebensräume der Art. Immerhin ist ein Drittel des Landes dort noch mit Wald bedeckt. An der Elfenbeinküste erstreckt sich das Vorkommen der Timneh-Graupapageien über die Wälder im Westen bis zum Bandama-Fluss.

Timneh-Graupapagei

Timneh-Graupapageien-Paar

an der Bruthöhle.

In welchen Gruppengrößen die Timneh-Graupapageien in ihren Lebensräumen normalerweise auftreten, ist bislang weitestgehend unbekannt. Gruppen von vier bis acht Vögeln wurden durch den Schweizer Buchautor Lars Lepperhoff beobachtet (Lepperhoff 2007). Die Nahrung der Timneh-Graupapageien setzt sich aus verschiedenen Früchten und Samen zusammen, vor allem aber fressen sie das ölhaltige Fruchtfleisch der Ölpalmfrüchte. Auch Nüsse und verschiedene Beeren werden als Nahrung aufgenommen. Es werden aber auch Bananen und Mais verzehrt, und hin und wieder wurden die Timneh-Graupapageien bei der Aufnahme von Blüten und Blättern beobachtet.

Die Fortpflanzungsperiode der Timneh-Graupapageien erstreckt sich im westafrikanischen Teil über die Monate November bis April. In Guinea-Bissau sollen diese Papageien im April brüten. Als Höhlen werden hochgelegene Baumhöhlen ausgesucht; es werden aber auch morsche Hohlräume in Ölpalmen genutzt. Die Höhleneingänge befinden sich oft zwischen 10 und 30 m über dem Erdboden. Meist nistet nur ein Paar in einem Baum. Die Gelegegröße besteht in der Regel aus drei Eiern, die vom Weibchen ungefähr 28 Tage allein bebrütet werden. Das Männchen hält sich die meiste Zeit während der Brut und in den ersten Lebenstagen der Küken in der Nähe der Nisthöhle auf, manchmal begibt es sich aber auch in das Höhleninnere. Sind die Jungvögel etwas älter, beteiligt sich das Männchen nicht nur an der Nahrungssuche, sondern direkt beim Füttern des Nachwuchses. Die Nestlingszeit beträgt zwischen 80 und 90 Tage.

Status im Freiland und in Menschenobhut

Regenwälder bedeckten einst weite Teile Westafrikas. Heute jedoch sind die Wälder in Liberia, Ghana und der Elfenbeinküste bereits stark fragmentiert. So trägt seit Anfang der 1970er Jahre der industrielle Holzeinschlag zur anhaltenden Vernichtung der verbleibenden Habitate für den Timneh-Graupapagei bei. Weitere Populationsrückgänge sind vor allem aber durch den Fang der Vögel für den Heimtiermarkt zu verzeichnen oder auch durch die Verfolgung als Ernteschädling. Natürliche Feinde wie einige Greifvogelarten hat der Timneh-Graupapagei hingegen kaum zu fürchten.

Es gibt derzeit keine verlässlichen Daten zur Populationsgröße im Freiland. Vermutet wird, dass noch zwischen 100.000 und 500.000 Timneh-Graupapageien im westlichen Afrika leben. Gegenwärtig wird die Art noch als häufig vorkommend angesehen, allerdings mit abnehmender Tendenz. Von der IUCN wird der Bestand vorsorglich als „vulnerable“ (= verletzlich) eingestuft und die Art im Anhang II des Washingtoner Artenschutzübereinkommens gelistet. Sollte sich der Fang und die Lebensraumzerstörung in dem bisherigen Maße weiterentwickeln, sieht es um die Zukunft dieser Papageien nicht gut aus.

Die Situation in Menschenobhut gestaltet sich nicht viel besser. Nach der CITES-Jahresstatistik der Jahre 1996 bis 2011 gelangten insgesamt 2.655 lebende Individuen aus ihren Ursprungsgebieten nach Deutschland, zuzüglich 400 weiteren Tieren, die 1996 über den Senegal ausgeführt worden sind. Für diesen Erfassungszeitraum macht dies etwa ein Drittel der Importzahlen des Graupapageis aus. Rosemary Low errechnete die Importzahlen des Timneh-Graupapageis für Europa über den Zeitraum von 1987 bis 1998. Sie kam auf auf die erschreckende Zahl von insgesamt 57.325 Individuen! (Low 2001b)

In zoologischen Einrichtungen in Europa ist der Timneh-Graupapagei nicht so stark vertreten wie sein naher Verwandter, der Graupapagei. Laut der im Internet veröffentlichten Zootierliste kann man die Art momentan in 24 deutschen und weiteren 29 europäischen Zoos oder ähnlichen Einrichtungen antreffen (www.zootierliste.de).

Die AZ-Nachzuchtstatistik der Jahre 2000 bis 2012 liefert einen guten Überblick des Zuchtgeschehens innerhalb Deutschlands. Sind vom Graupapageien in diesem Zeitraum insgesamt 3.701 Exemplare nachgezogen worden, kam es beim Timneh-Graupapagei lediglich zu 87 Nachzuchtvögeln. In der Statistik der VZE für die Jahre 2000, 2002, 2008 und 2011 sind insgesamt 18 nachgezogene Timneh-Graupapageien aufgelistet.

Bisherige Bruterfolge in Menschenobhut

In Nigeria erfolgte 1974 die Welterstzucht dieser Spezies. Die europäische Erstzucht gelang 1976 in Deutschland (Robiller 1997). 1978 konnte der Schweizer Züchter E. Grünig die nationale Erstzucht für sich verbuchen, im gleichen Jahr hatte der Schweizer M. Gloor ebenfalls einen Zuchterfolg mit dieser Spezies. In Deutschland kam es zu mehreren Erfolgen. So haben G. Speier im Jahr 1977 und S. Wewering 1979 den Verlauf ihrer Nachzuchterfolge publiziert, 1977 gelang die Zucht auch im Vogelpark Walsrode. In den USA konnten vor allem in Busch Gardens, Florida, Erfolge erzielt werden. 1983 berichteten V. und H. Sommer über die Handaufzucht eines Timneh-Graupapageien und die gleichen Züchter widmeten der Art 1985 einen weiteren Zuchtbericht (Sommer 1983). Dagmar Böbel aus Nürnberg berichtete im Jahr 1991 von mehreren Handaufzuchten einer Familie Wörner. Von vier Gelegen mit insgesamt zwölf Eiern schlüpften neun Junge, die stets im Alter von vier Wochen zur Handaufzucht entnommen werden mussten, da das Weibchen ab diesem Zeitpunkt die Fütterung des Nachwuchses einstellte. Die gleiche Autorin berichtete aber auch über die Erfolge eines Herrn Dörsch aus Deutschland, der mit

Lebensraum der Timneh-Graupapageien

in der Umgebung von Sassandra in Côte d'Ivoire.

Timneh-Graupapageien

sind in der Volierenhaltung sehr angenehme Pfleglinge.

seinem Zuchtpaar Timneh-Graupapageien aus elf Gelegen mit 32 Eiern insgesamt 24 Jungvögel aufziehen konnte. 20 Jungvögel mussten allerdings von Hand aufgezogen werden (Böbel 1990, 1991). Beachtliche Erfolge erzielte auch immer wieder der Loro Parque, Teneriffa, Spanien. Im Jahr 2009 zogen beispielsweise alle acht zuchtreifen Paare Jungtiere auf, manche zeitigten in diesem Jahr sogar ein Zweitgelege (Brockner, pers. Mitteilung).

Haltung und Zucht von Timneh-Graupapageien

Die Haltungsanforderungen der Timneh-Graupapageien sind identisch mit denen der Graupapageien. Auch diese Spezies stellt keine großen Ansprüche bezüglich der Unterkunft und Pflege. Zu beachten ist jedoch, dass die Timneh-Graupapageien mitunter von ihren kräftigen Schnäbeln Gebrauch machen und somit durchaus einigen Schaden an für sie erreichbaren Holzteilen in der Voliere anrichten können. Es wird also auch bei dieser Spezies eine „papageienschnabelresistente" Bauweise für die Unterkunft empfohlen.

Eine Vergesellschaftung mehrerer Paare in einer ausreichend großen Voliere ist durchaus möglich. Jedoch sind Zuchterfolge unter derartigen Haltungsbedingungen wahrscheinlich nur in den wenigsten Fällen möglich. Betrachtet man die Nachzuchtstatistiken der deutschen Vogelzuchtvereinigungen AZ und VZE, sollte künftig der Zuchtgedanke stets im Vordergrund des züchterischen Handelns stehen. Es erscheint sogar sinnvoll, für den Timneh-Graupapagei ein Zuchtprojekt zu initiieren, um die rückläufige Populationsentwicklung in Menschenhand nicht aus den Augen zu verlieren und die Bestände in Menschenobhut zu stabilisieren.

Wie bei allen Papageienarten ist die Harmonie eines Paares eine Grundvoraussetzung für den zu erwartenden Zuchterfolg. Weiterhin müssen beide Paarpartner geschlechtsreif und natürlich fortpflanzungsfähig sein; ihnen muss darüber hinaus eine akzeptable Nistmöglichkeit zur Verfügung gestellt und ein ausgewogenes bedarfsgerechtes Futter angeboten werden.

Der Zuchtverlauf der Timneh-Graupapageien ähnelt dem der Graupapageien. Naturstammnisthöhlen sollten einen Innendurchmesser von 30 cm besitzen bzw. eine Grundfläche von 30 mal 30 cm, wenn Nistkästen angeboten werden. Eine Höhe von ungefähr 60 cm ist ideal. Eine circa 10 cm dicke Schicht grobe Holzspäne dient als Gelegeunterlage. Häufig werden die Innenwände der Bruthöhle von den Vögeln benagt, sodass ein zusätzlicher Bodenbelag entsteht.

Zwei bis vier Eier werden vom Weibchen in Abständen von zwei oder drei Tagen gelegt. Als Brutzeit werden für den Timneh-Graupapagei von den meisten Autoren 28 Tage angegeben, wobei die Brutdauer variieren kann. Das Bebrüten übernimmt allein das Weibchen. Gelegentlich wird es dabei von seinem Männchen in der Nisthöhle besucht, manchmal auch über eine längere Zeit. Nach dem Schlupf der Jungen ändert sich dieses Verhalten nicht. Einige Männchen begeben sich jedoch zunächst nicht in die Bruthöhle, sondern tun dies erst, wenn die Jungvögel bereits einige Tage alt sind.

Die frisch geschlüpften Küken der Timneh-Graupapageien sind fleischfarben und mit hellen Dunen bedeckt. Im Alter von etwa 12 Tagen öffnen sich die Augen, und 14 bis 18 Tage nach dem Schlupf färbt sich die Haut in einen grauen Farbton. Mit etwa 23 Tagen sind die ersten Deck- und Schwungfederkiele durch die Haut zu erkennen. Mit ungefähr 33 Tagen ist der Kopf fast vollständig befiedert, und mit 37 Tage brechen die Kiele der Schwanzfedern auf. Im Alter von ungefähr zehn Wochen sind die jungen Timneh-Graupapageien voll befiedert und verlassen erstmals die Nisthöhle. Anfangs sind ihre Flugversuche unbeholfen und enden nicht selten auf dem Boden oder an der Drahtbespannung der Voliere. Der Nachwuchs lernt es jedoch schnell, sich fliegend fortzubewegen. Nach wenigen Tagen nehmen die jungen Graupapageien schon die erste Nahrung selbst auf, und nach etwa drei Wochen können sie als selbständig bezeichnet werden. Sie sollten trotzdem nicht zu schnell von den Eltern getrennt werden.

rechts: Timneh-Graupapageien-Paar an der Bruthöhle.

Kap-Papageien

sind in Privathand nur bei drei europäischen Züchtern vertreten.

Die Gattung Poicephalus Swainson 1837 – *Langflügelpapageien*

Der Kenntnisstand über die Gruppe der Langflügelpapageien war jahrelang nur sehr bruchstückhaft. Weder gab es umfängliche Freilandstudien, noch hatten die Vögel eine Lobby unter den Züchtern. Lediglich wenige Liebhaber interessierten sich für die Zucht dieser Vögel, die zudem auch kaum systematisch betrieben wurde. Selbst die Zoologischen Gärten und Vogelparks hatten jahrzehntelang kaum Langflügelpapageien in ihren Kollektionen, und wenn, dann hauptsächlich Mohrenkopf- und Goldbugpapageien. Wenig importierte Arten galten somit auch im Tiergarten, Züchter- und Wissenschaftsbereich lange Zeit als beinahe unbeschriebene Blätter. Was das Freiland angeht, hat sich das mittlerweile nachhaltig geändert, insbesondere durch Arbeiten des Forschungszentrums für den Schutz Afrikanischer Papageien an der Fakultät für Biologie- und Naturschutzwissenschaften der südafrikanischen Universität Kwa-Zulu-Natal in Pietermaritzburg unter der Leitung von Prof. Mike Perrin.

Außerdem haben sich mittlerweile die Zuchtbemühungen um Langflügelpapageien deutlich gesteigert. Waren es zunächst hauptsächlich Mohrenkopf- und Goldbugpapageien, die in Züchterhand vermehrt wurden, stehen mittlerweile sogar Kongopapageien an dritter Stelle der Nachzuchthäufigkeit, und auch alle anderen importierten Arten werden heute regelmäßig nachgezogen. Durch den immer häufigeren Einsatz der Handaufzucht sind zudem plötzlich auch zahme Langflügelpapageien im Handel erhältlich, die wiederum eher dem überkommenen „Bild vom Papageien“ in den Köpfen der Vogelhalter entsprechen. Dieses Bild wird – obwohl es im Hinblick auf eine adäquate Form der Papageienhaltung (nach tiergartenbiologischen Gesichtspunkten) eine deutliche Schieflage aufweist – auch von der neueren deutschen Heimtierhalterliteratur unterstützt (Wagner 2001), sodass in der bundesdeutschen (wahrscheinlich auch in der europäischen) Langflügelpapageienhaltung derzeit generell ein deutlicher Wandel zu spüren ist. In den USA ist dieser Trendwechsel bei den Langflügelpapageien (und die Hinwendung zur Handaufzucht) schon vor längerer Zeit vollzogen worden und noch stärker ausgeprägt. Zahme Vögel aus der *Poicephalus*-Gruppe gehören dort mittlerweile zum „Standardangebot" der Händler und Züchter und sind allgegenwärtig (Athan & Deter 1998).

Langflügelpapageien (*Poicephalus*) sind mit zehn Arten über alle tropischen Lebensräume des afrikanischen Kontinents südlich der Sahara verbreitet und erreichen mit Höhenverbreitungen von Meereshöhe bis zu 3750 m ü. NN (*Poicephalus gulielmi*) die höchste Vertikalverbreitung unter allen Papageien (Hoppe & Welcke 2006).

Nach den neueren systematischen Auffassungen wird die Gattung in zwei Untergattungen unterteilt. Die erste (Subgenus *Eupsittacus*) besteht aus den drei größeren Formen: Kap-Papagei (*P. robustus*, Graukopfpapagei (*P. fuscicollis*) und Kongopapagei (*P. gulielmi*). Die zweite Gruppe bildet die *Poicephalus-meyeri*-Superspezies (Subgenus *Poicephalus*). Zu dieser Artengruppe gehören neben dem Goldbugpapagei (*P. meyeri*) auch der früher häufig importierte Mohrenkopfpapagei (*P. senegalus*), der Rotbauch- (*P. rufiventris*), der Braunkopf- (*P. cryptoxanthus*), der Rüppells- (*P. rueppellii*) und der wenig bekannte Niam-Niam-Papagei (*P. crassus*) (Forshaw 1989, Juniper & Parr 1998). Der taxonomische Status des Gelbstirnmohrenkopfpapageien (*P. flavifrons*) ist dagegen bis heute unklar. Es liegen bisher kaum Freilandbeobachtungen (vgl. Arndt 2001, Seitre 2003) und keine ethologischen Untersuchungen oder DNA-Analysen vor, die die Verwandtschaft zu der einen oder anderen Gruppe belegen könnten. Fry, Keith & Urban (1988) ordnen ihn der *Poicephalus-meyeri*-Superspezies zu. Gemessen am äußeren Erscheinungsbild, der Größe und der Farbgebung gehört der Gelbstirnmohrenkopfpapagei jedoch eher in die verwandtschaftliche Nähe des Kongopapageis (Jordan & Pattison 1999, vgl. Massa et al. 2000).

Kongopapageien

zählen noch zu den häufiger gehaltenen Arten.

Der Kap-Papagei (*Poicephalus robustus*) gilt als bedrohteste Art unter den afrikanischen Papageien mit einer Gesamtpopulation von derzeit knapp 1.200 Tieren. Das Abholzen der *Podocarpus*-Wälder, die Fragmentierung seines Lebensraumes sowie seine späte Geschlechtsreife und

Jahr	Mohrenkopf-papagei *P. senegalus*	Goldbug-papagei *P. meyeri*	Kongo-papagei *P. gulielmi*	Braunkopf-papagei *P. crytoxanthus*	Graukopf-papagei *P. fuscicollis*	Rüppells Papagei *P. rueppellii*	Rotbauch-papagei *P. rufiventris*
1987	5480	600	1	30	–	–	–
1988	4714	274	1	80	–	–	–
1989	4843	420	466	108	23	–	–
1990	3935	886	220	263	21	–	–
1991	5136	360	53	200	97	–	–
1992	3620	470	131	260	20	–	–
1993	1230	714	118	226	20	–	2
1994	2460	842	463	205	154	22	10
1995	2051	174	120	20	60	56	8
1996	1477	7	184	5	–	–	7
1997	2057	12	100	45	–	12	12
1998	2243	250	100	30	44	45	27
1999	1256	1	3	14	–	–	6
2000	757	3	71	–	–	6	17
2001	1152	–	62	–	–	–	1
2002	763	7	3	65	–	1	3
2003	1562	–	199	10	4	–	–
2004	1400	1	–	–	1	10	–
2005	1251	1	–	–	30	–	–
Summe	**47387**	**5022**	**2295**	**1561**	**473**	**152**	**93**

Tab. 1: Genehmigte Importe von Langflügelpapageien in die BRD von 1987 bis 2005, geordnet nach der Häufigkeit im Handel (Quelle: Jahresstatistiken des Bundesministeriums für Umwelt, Naturschutz und Reaktorsicherheit und des Bundesamtes für Naturschutz, Bonn).

geringe Reproduktionsrate machen die Art anfällig für Bestandsrückgänge, die durch illegale Naturentnahmen für den Vogelhandel noch weiter verstärkt werden (Hoppe & Welcke 2006). Dennoch wird er – ebenso wie alle übrigen *Poicephalus*-Arten – in der IUCN-Liste gegenwärtig noch summarisch als „least concern“ (= nicht gefährdet) eingestuft. Neuere Freilanduntersuchungen haben ergeben, dass Graukopfpapageien in beiden Unterarten und Kongopapageien der Unterart *fantiensis* mittlerweile deutliche Bestandsrückgänge im Freiland zu verzeichnen haben; der Status von Niam-Niam- und Gelbstirnmohrenkopfpapageien ist noch weitgehend unbekannt (Hoppe & Welcke 2006).

Nach Aufhebung der Einfuhrsperre für Psittaciden in der BRD Mitte der 1960er Jahre wurden Langflügelpapageien (und viele andere Papageienarten aus allen Teilen der Welt) vier Jahrzehnte lang (bis 2005) in mehr oder minder großen Mengen importiert. Anfang bis Mitte der 1980er Jahre erreichte das Volumen an wild gefangenen Papageien ein derartiges Ausmaß, dass viele besorgte Tier- und Artenschutzorganisationen Kampagnen gegen den internationalen Vogelhandel starteten und in der Folge Fänger, Zwischenhändler, Importeure und auch die Käufer in Misskredit brachten. Nachzuchten vieler Arten – darunter auch Langflügelpapageien – gehörten seinerzeit eher zu den Ausnahmen und wurden mit Blick auf die zum Teil recht „billigen“ Importvögel auch kaum forciert. Einen Eindruck vom Importgeschehen dieser „heißen Zeit“ des internationalen Wildvogelhandels vermittelt Tabelle 1. Knapp 57 000 Langflügelpapageien, darunter über 47 000 (= 83 %) Mohrenkopfpapageien, sind in diesen Jahren legal in die Bundesrepublik Deutschland eingeführt worden. Abgesehen davon, dass diese Massenimporte aus Tierschutzgründen in der Regel völlig unverantwortlich gehandhabt wurden (Lantermann 1987, 1991), verdienen auch einige Importzahlen aus Artenschutzgründen Beachtung. Während Mohrenkopf- und Goldbugpapageien aufgrund ihrer großen Verbreitungsgebiete diesen Aderlass an den Naturbeständen wahrscheinlich verkraften können, stellt sich dies zumindest bei einer Unterart der Kongopapageien (*P. gulielmi fantiensis*) anders dar. Hier sind schon merkliche Rückgänge der Wildpopulationen zu verzeichnen (vgl. Hoppe & Welcke 2006). Dies gilt umso mehr für den Graukopfpapagei, der zwar nicht annähernd so gefährdet ist wie der nahe verwandte Kap-Papagei, aber dennoch in beiden Unterarten deutliche Bestandsrückgänge zu verzeichnen hat (vgl. Hoppe & Welcke 2006).

Zum zweiten stellt sich die Frage, was mit der Vielzahl dieser Vögel geschehen ist, wer sie erworben hat, wie viele davon überlebt haben, wie viele zu Zuchttieren geworden sind und die Bestände in Menschenobhut mit stabilisiert haben. Die Zoos haben die Langflügelpapageien nach wie vor nicht für sich „entdeckt“ und sind ohnehin keine Massen“konsumenten“ dieser Vögel. Die privaten Vogelliebhaber dagegen sind zweifellos die Hauptabnehmer dieser vielen Importvögel gewesen.

Der Mohrenkopfpapagei

wurde in riesigen Stückzahlen nach Europa exportiert.

Die Zoologischen Gärten waren – zumindest in Deutschland – bis Anfang der 2000er Jahre sehr zurückhaltend bei der Aufnahme von Langflügelpapageien in ihre Kollektionen. Bei einer Bestandserhebung in allen VDZ-Zoos (2002) ergab sich, dass seinerzeit nur 28 Langflügelpapageien in sieben von 33 Zoos lebten, die sich an der Bestandsmeldung beteiligt hatten. Davon befanden sich allein elf Vögel in vier Arten in einer einzigen Einrichtung, einem Vogelpark, wo auch regelmäßig Nachzuchten gelangen (Lantermann 2003a).

Art	Anzahl der Haltungen in der BRD	im EAZA-Raum
Mohrenkopfpapagei	48	43
Goldbugpapagei	3	11
Kongopapagei	5	9
davon *gulielmi*	2	5
davon *fantiensis*	3	3
davon *massaicus*	–	1
Rotbauchpapagei	2	9
Rüppells Papagei	1	5
Braunkopfpapagei	–	6
Graukopfpapagei	–	7
davon *fuscicollis*	–	5
davon *suahelicus*	–	2
Kap-Papagei	–	3
gesamt	59	100

Tab. 2: Deutsche Zoos, Tier- und Vogelparks mit Beständen von Langflügelpapageien im Juni 2012 ohne Angabe der Anzahl der jeweils gehaltenen Individuen – mit Vergleichen zum übrigen EAZA-Raum (nach www.zootierliste.de, Zugriff am 28.7.2012)

Art	Anzahl der privaten Haltungen (VZE-Zuchtbuch)
Mohrenkopfpapagei	408
Goldbugpapagei	482
Kongopapagei	138
davon *gulielmi*	13
davon *fantiensis*	111
davon *massaicus*	14
Rotbauchpapagei	106
Rüppells Papagei	87
Braunkopfpapagei	53
Graukopfpapagei	36
davon *fuscicollis*	17
davon *suahelicus*	17
Kap-Papagei	–
gesamt	1310

Tab. 3: Anzahl der in vorwiegend privaten Haltungen befindlichen Langflügelpapageien – hier ohne Unterartenstatus bei Mohrenkopf-, Goldbug, Rotbauch- und Braunkopfpapageien – bei 105 Haltern (Poicephalus-Zuchtbuch der VZE, Stand 31.12.2012)

An dieser Tendenz hat sich bis heute wenig geändert, wie Tabelle 2 mit der Zahl der Haltungen von *Poicephalus*-Beständen in deutschen Zoos, Tier- und Vogelparks zeigt. Allerdings handelt es sich bei den Angaben aus der Internetpräsenz www.zootierliste.de nicht um systematische Erhebungen in allen deutschen und EAZA-Zoos. Während die deutschen Einrichtungen wahrscheinlich relativ flächendeckend erfasst sein dürften, gilt dies nicht für den übrigen europäischen Raum. Hier sind vermutlich noch viele kleinere Einrichtungen unberücksichtigt geblieben.

Ganz anders sieht das Bild in den Volieren der privaten Liebhaber aus. Um einen Überblick über ihre Bestände an Langflügelpapageien in der BRD zu bekommen, lassen sich zwei Quellen auswerten: Zum einen die letzte Statistik des *Poicephalus*-Zuchtbuchs Deutschland unter der Schirmherrschaft des VZE, zum anderen die Nachzuchtstatistik der AZ – beides Vogelhalterverbände, der letztere mit Mitgliederschwerpunkt in der alten BRD, der erstere mit Schwerpunkt in den neuen Bundesländern.

Die beiden letzten Statistiken zeigen, dass von den handelsrelevanten Arten lediglich der Kap-Papagei so gut wie nicht in Privathand vertreten ist oder war, sonst aber alle Arten und die meisten Unterarten in beträchtlicher Anzahl – wenn sich darin allerdings nicht im Entferntesten die horrenden Importzahlen (siehe Tabelle 1) widerspiegeln. Insgesamt scheint sich aber in der BRD bei fast allen Arten mittlerweile ein respektabler Bestand zu etablieren. Lediglich Braunkopf- und beide Unterarten des Graukopfpapageien sind

Art	2004	2005	2006	2007	2008	2009	2010	2011
Mohrenkopfpapagei	65/177	54/145	61/138	59/157	44/97	30/77	14/39	27/65
Goldbugpapagei	21/71	24/55	28/64	26/43	9/29	14/33	2/5	27/65
Kongopapagei	-	-	-	-	-	-	-	-
davon *gulielmi*	11/28	16/42	17/38	20/44	24/43	9/25	10/25	15/38
davon *fantiensis*	-	-	5/11	3/7	1/4	1/2	1/1	7/13
davon *massaicus*	-	-	-	1/1	-	-	-	1/2
Rotbauchpapagei	6/16	13/27	16/33	12/43	11/25	11/37	4/11	8/22
Rüppells Papagei	5/19	10/33	6/14	5/21	5/18	5/13	1/10	3/11
Braunkopfpapagei	2/5	-	3/2	3/2	1/2	1/1	-	-
Graukopfpapagei	1/5	2/2	-	2/3	5/5	1/2	-	-
davon *fuscicollis*	-	-	-	-	-	-	-	-
davon *suahelicus*	-	-	-	-	-	-	-	-
Kap-Papagei	1/1	1/3	-	-	-	1/2	-	-
Jung- u. Altvögel gesamt	546	547	572	583	414	338	148	305

Tab. 4: Nachzuchten von Langflügelpapageien im Zeitraum 2004-2011 innerhalb der AZ - jeweils Anzahl der Zuchtpaare / Anzahl der Nachzuchtvögel - ohne Unterartendifferenzierung bei Goldbug- und Mohrenkopfpapageien (Quelle: Nachzuchtstatistik der Vereinigung für Artenschutz, Vogelhaltung und Vogelzucht AZ e.V., Backnang)

mit nur kleinem Bestand und nur geringen Nachzuchten verzeichnet. Zur Tabelle 4 ist anzumerken, dass die Anzahl der gehaltenen Paare und gezüchteten Jungtiere innerhalb der Mitgliederschaft der AZ rückläufig zu sein scheint, allerdings ist hier zu ergänzen, dass die Rückmeldungen der AZ-Mitglieder für die Jahresstatistik von Jahr zu Jahr starken Schwankungen unterliegen und manchmal nur von weniger als einem Fünftel der Mitglieder abgegeben werden (Pagel 1999). Die tatsächliche Anzahl der gehaltenen und gezüchteten Langflügelpapageien dürfte somit um einiges höher liegen.

Der Gesamtbestand an Langflügelpapageien in der BRD hat mittlerweile die 1.000er Marke weit überschritten. Wie viele Paare – vor allem unter den „schwierigeren" Arten – allerdings tatsächlich erfolgreich brüten, ist nur bedingt aus der Tabelle 4 ersichtlich. Umso hilfreicher war 2005 die Etablierung eines ersten *Poicephalus*-Zuchtbuches in Deutschland (PZD), um einen allgemeinen Überblick über die gehaltenen Tiere und ihre Nachzuchten zu erhalten. Leider wurde das Zuchtbuch Deutschland – zunächst eine Initiative des VZE (vgl. Asmus 2004b) – von Seiten einiger Beteiligter kurz nach Erhebung dieser letzten Statistik im Juni 2008 aufgelöst und mit einem Teil der bis dato teilnehmenden Züchter und Daten in eine Privatinitiative überführt. Der Idee, nämlich einer umfassenden Zuchtbuchführung für eine Vogelgruppe, die noch wenig im Blick der Zoos und der Wissenschaft ist, war mit diesem Schritt nicht gedient. Eher im Gegenteil: Ohne die Rückendeckung eines großen Verbandes ist eine solche Aufgabe längerfristig kaum zu bewältigen. – Mittlerweile wird innerhalb der VZE wieder ein respektables Zuchtbuch für Langflügelpapageien geführt, dem die Zahlen in Tabelle 3 entstammen (Kock, briefl. Mitt.).

Graukopfpapagei
Poicephalus fuscicollis (Kuhl, 1820)

Gesamtlänge: etwa 26 - 36 cm
Gewicht: 278 - 356 g
Geschlechtsunterschiede: Männchen und Weibchen mit geringen Unterschieden
Gelegegröße: 2 - 4 Eier
Brutdauer: 28 - 30 Tage
Nestlingszeit: (in Menschenobhut) 68 - 90 Tage
Gesetzesstatus: WA II / B (Keine Beringungspflicht, eine Beringung wird jedoch empfohlen; Meldepflicht und Herkunftsnachweis)

Systematik und Unterarten

Der Graukopfpapagei wird seit einigen Jahren vom Kap-Papagei abgetrennt und als eigene Art mit zwei Subspezies anerkannt. Anfangs waren die hierfür verantwortlichen molekulargenetischen Untersuchungen von Prof. Renato Massa und seinen Kollegen an der Universität Mailand im Jahr 2000 umstritten. Die italienischen Wissenschaftler beschäftigten sich in ihrer Arbeit mit Durchführungsmöglichkeiten einer neueren molekulargenetischen Untersuchungsmethode (RAPD) zur Klärung der Verwandtschaftsverhältnisse afrikanischer Papageienarten und verwendeten dazu Proben von Gefangenschaftstieren mit unbekannter Herkunft. Dafür standen den Wissenschaftlern vermutlich nur Proben der Unterart *P. f. suahelicus* zur Verfügung und Vergleichsmöglichkeiten mit *P. r. robustus* und *P. f. fuscicollis* fehlten. Eine weitere Studie der südafrikanischen Wissenschaftler Solms, Perrin, Downs, Symes & Bloomer (2000) aus dem gleichen Jahr war dann aber entscheidend in der systematischen Neueinteilung des Kap-Papageis, obwohl den südafrikanischen Wissenschaftler dafür eine zu geringe Anzahl von Proben zur Verfügung stand (schriftl. Mittlg. Prof. Mike Perrin). Die verwendeten Proben der beiden Graukopfpapageienunterarten stammten zudem aus Gefangenschaftshaltungen südafrikanischer Züchter. So konnte zwar nachgewiesen werden, dass sich der Kap-Papagei genetisch vom Graukopfpapagei unterscheidet; molekulargenetische Differenzen der beiden Graukopfpapageienunterarten blieben jedoch aufgrund der unbekannten Herkunft der verwendeten Proben wissenschaftlich unbewiesen. Aufgrund dieser hier aufgeführten Unklarheiten führen *BirdLife International* bzw. IUCN den hier benannten Graukopfpapagei nach wie vor als Unterart des Kap-Papageis.

links: Reichenows Graukopfpapagei (Poicephalus fuscicollis suahelicus) – ein Weibchen

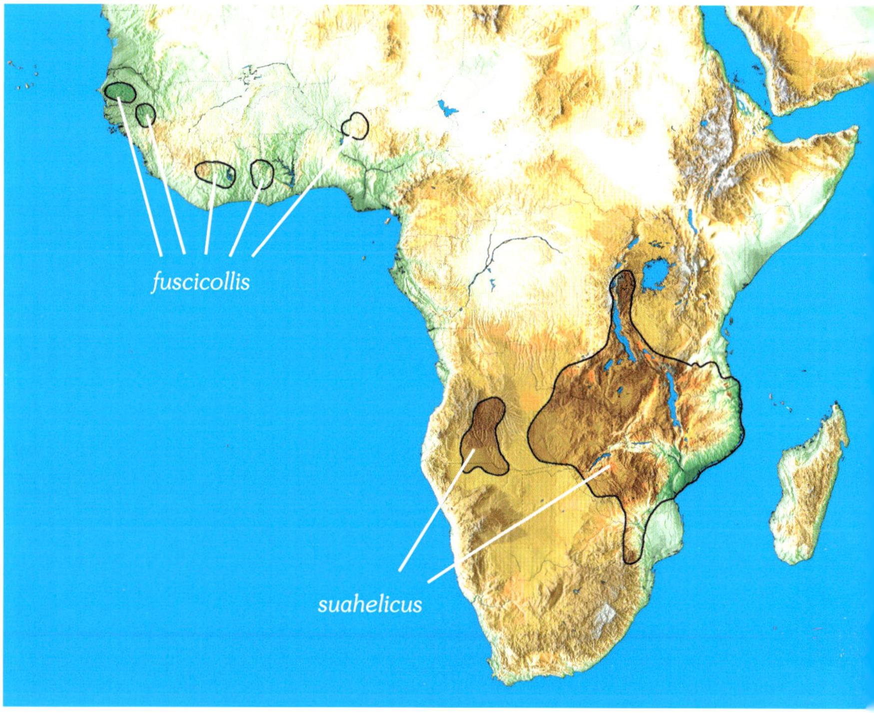

Graukopfpapagei

Verbreitungskarte

Diese Problematik verlangt selbstverständlich nach einer abschließenden Klärung. Die Verfasser haben sich dennoch dazu entschieden, der neueren systematischen Aufteilung zu folgen, da zumindest die genetischen Differenzen vom Kap-

Graukopfpapagei (*P. f. fuscicollis*) – ein Männchen ohne orangerote Stirnfärbung.

Graukopfpapagei (*P. f. fuscicollis*) – ein Weibchen mit orangeroter Stirnfärbung.

und Graukopfpapagei erwiesen sind. Die Unterscheidung der beiden Graukopfpapageiensubspezies kann nach wie vor nur nach morphologischen Aspekten erfolgen. Auf der sicheren Seite ist man, wenn die Herkunft von Wildfängen zweifelsfrei bekannt ist.

Anhand wissenschaftlicher Untersuchungen an Balgmaterialien verschiedener Museen wurden signifikante Unterschiede bei einer größeren Anzahl der untersuchten Bälge festgestellt (Wirminghaus et al. 2002), jedoch können sich Einzelwerte aufgrund der natürlichen Variationsbreite bei beiden Unterarten überlappen. Da die morphologischen Unterscheidungsmöglichkeiten beider Subspezies nicht in jedem Fall eindeutig sind, bereitet es auch Fachleuten immer wieder Schwierigkeiten, sich bei der Unterartzugehörigkeit einzelner Graukopfpapageien-Exemplare festzulegen; mitunter ist eine Zuordnung auch gänzlich unmöglich.

Bei in Menschenobhut befindlichen Graukopfpapageien kann es, aufgrund der langen Haltungsgeschichte dieser Art, auch bereits mehrfach zu Unterartmischlingen gekommen sein. An dieser Stelle sollen darum auch nur einige Anhaltspunkte für eine mögliche Identifizierung der Unterarten beim Graukopfpapagei erwähnt werden; eine sichere Bestimmung kann sich im Einzelfall derzeit leider nur aus der zweifelsfreien Herkunft von Wildtieren ergeben.

1. *Poicephalus fuscicollis fuscicollis* (Kuhl, 1820) – Graukopfpapagei: Fragmentiertes Vorkommen in Gambia, eventuell auch Senegal, Gui-

Reichenows Graukopfpapagei (P. f. suahelicus) – ein Männchen ohne orangerote Stirnfärbung.

Reichenows Graukopfpapagei (P. f. suahelicus) – ein Weibchen mit orangeroter Stirnfärbung.

nea-Bissau, Guinea, Elfenbeinküste sowie Ghana.

2. *Poicephalus fuscicollis suahelicus* Reichenow, 1898 – Reichenows Graukopfpapagei: Nordwest-Namibia, Südost-Angola, Sambia, Simbabwe, Botswana, Malawi, Mosambik, Tansania, Burundi, Ruanda, Südwest-Uganda, West- und Südost-Zaire sowie die nördlichen Teile von Südafrika.

In europäischen Haltungen sind beide Unterarten gleichermaßen anzutreffen.

Merkmale für eine Unterscheidung der zwei Unterarten:

1. *P. f. fuscicollis*: Die Grundgefiederfärbung ist ein helles Grün. Die Stirn ist dunkelbraun gefärbt und bei den Männchen nur selten mit Orangefärbungen durchsetzt. Der Scheitel, die Wangen und auch die Ohrdecken sind graubraun, die Zügel schwarz gefärbt. Die Halsgegend sowie der Nackenbereich weisen eine graugrüne Färbung auf. Der Schwanz ist dunkelgrau und der obere Brustbereich erscheint in einem graubräunlichen Grün. Die Schulter und die Färbung der oberen Flügeldecken weisen ein dunkleres Grün auf als die Grundgefiederfärbung, wobei die Federn in diesen Bereichen etwas hellere grüne Säumungen besitzen. Die Schwungfedern sind dunkelgrau und haben braungrüne Federränder. Der Flügelbug und der untere Schenkelbereich sind orangerot gefärbt. Bei den weiblichen Exemplaren ist die Ausdehnung der orangeroten Färbung im Stirn- und

Reichenows Graukopfpapagei

im Krüger Nationalpark, Südafrika.

Scheitelbereich variabel. Gesamtlänge ca. 30 cm.

2. *P. f. suahelicus*: Ähnlich der Nominatform gefärbt. Die Stirn, die Wangen und auch die Ohrdecken können im Gegensatz zur Nominatform mitunter silbergrau bis graubraun sein. Die hellgrüne Grundgefiederfärbung von Rücken, Unterrücken, Oberschwanzdecken, unterer Brust und Bauch können einen gelblichgrünen bis blaugrünen Schimmer aufweisen. Die Oberbrust ist graugrün. Die Weibchen unterscheiden sich von den Männchen ebenfalls durch die orangerote Färbung im Stirnbereich und durch einen kleineren Schnabel. Gesamtlänge ca. 30 cm.

Verbreitung und Freileben

Insbesondere die Angehörigen der Nominatform *P. f. fuscicollis* besitzen ein äußerst fragmentiertes Vorkommen im westlichen Teil des afrikanischen Festlandes. Der Reichenows Graukopfpapagei besiedelt derzeit noch große Gebiete in den mittleren und südöstlichen Teilen Afrikas. *P. f. suahelicus* kommt hier jedoch häufig nur noch in Waldinseln vor, in denen er geeigneten Lebensraum und Nistmöglichkeiten vorfindet. Im südöstlichen Landesteil von Zaire sind Graukopfpapageien in den Bergwäldern in Höhenlagen bis zu 3.750 m ü. NN angetroffen worden.

Einer der Verfasser (J. Asmus) konnte bei einer Reise nach Gambia kurze Zeit einen Graukopfpapagei im Kiang-West-Nationalpark beobachten. Der Vogel hielt sich auf einem Baobab (*Adansonia digitata*) auf, der in offenem Savannengelände stand. Nur einige Dornbüsche und mittelgroße Bäume boten dem Verfasser bei der Annäherung Deckungsmöglichkeiten. Durch die Alarmrufe mehrerer Mohrenkopfpapageien flog der Graukopfpapagei nach einem kurzen Augenblick davon. Im Kiang-West-Nationalpark finden Graukopfpapageien auf einem Gelände von ungefähr 11.500 ha noch ihren ursprünglichen Lebensraum vor, eine Kombination von Galeriewäldern, Feuchtsavanne und Mangroven. Grundsätzlich hält sich die Nominatform in Wassernähe auf. Ein einheimischer Guide berichtete, dass Graukopfpapageien in Gambia selten seien. Ihr Vorkommen beschränkt sich neben dem Kiang-West-Nationalpark auf nur wenige andere Schutzgebiete in diesem Land. In kleineren Parks, wie beispielsweise dem nur 100 ha großen Abuku-Nationalpark, seien die Graukopfpapageien nicht mehr anzutreffen.

Mit Beginn und während der Fortpflanzungsperiode sind Graukopfpapageien paarweise unterwegs; die übrige Zeit zeigen sie sich in kleineren Gruppen bis zu fünf Individuen. Als eine Nahrungsquelle wurde von dem Guide der Fruchtstand der Ölpalme (*Elaeis guineensis*) genannt. Es wird nur das Fruchtfleisch verzehrt, welches fasrig ist und zu 45 bis 50 Prozent aus Öl besteht. Aber auch die Samen der zu den Wolfsmilchgewächsen zählenden Mahobohobo (*Uapaca*

Der Krüger Nationalpark

beherbergt auch eine Population des Reichenows Graukopfpapageis.

kirkiana) werden von den Graukopfpapageien verzehrt. Des Weiteren zählen das Fruchtfleisch sowie die etwa haselnussgroßen Kerne des Mankettibaums (*Schinziophyton rautanenii*), die Samen des Baobabs und verschiedener Akazien arten (*Acacia* spp) sowie die Früchte der Mangroven (*Rhizophora* spp) und der schmackhaften Felsenbirne (*Olinia rochetiana*) zum Nahrungsspektrum der Graukopfpapageien in Gambia. Hinzu kommen andere Samen, Beeren, Nüsse und Früchte, und gelegentlich wurden sie an Erdnüssen beobachtet, die zum Trocknen aufgehängt waren.

Freilandstudien zur Nahrungsökologie der Graukopfpapageien sind in der Vergangenheit bislang nur von südafrikanischen Wissenschaftlern im Verbreitungsgebiet der Unterart *suahelicus* erfolgt (Symes & Perrin 2003, Perrin 2002). Hierbei wurde festgestellt, dass Graukopfpapageien zu den Nahrungsgeneralisten gezählt werden können. Sie ernähren sich von saisonal verfügbaren Früchten und Samen von mehr als 25 Pflanzenarten. Hierzu zählen die Samen bzw. Früchte des Marula- (*Sclerocarya birrea*), Korallen- (*Erythrina caffra*), Balsam- (*Commiphora mollis*) und Zedrachbaums (*Melia azaderach*).

Die Unterart *suahelicus* besiedelt im Gegensatz zur Nominatform unterschiedliche Lebensräume und ist in den Waldgebieten in den südöstlichen Teilen des afrikanischen Festlandes anzutreffen. Trocken- und Bergwälder zählen zu ihren bevorzugten Habitaten, aber auch Savannenlandschaften werden besiedelt. In Südafrika trifft man Graukopfpapageien auch in Mopane-Wäldern (*Colophospermum mopane*) an.

Mit Beginn der Fortpflanzungzeit sondern sich die Paare ab. Für die Nominatform werden in verschiedenen Literaturquellen Brutperioden von Februar bis April angegeben. Als Brutstätte werden Baumhöhlen in den Ästen größerer Mangroven genannt. Eine solche Höhle wurde dem Verfasser (JA) Anfang März 2007 im Kiang-West-Nationalpark, Gambia, gezeigt.

Der Reichenows Graukopfpapagei

ist auch in Menschenobhut nicht häufig.

Die Brutbäume des Reichenows Graukopfpapageien unterscheiden sich von denen der Nominatform. Er nutzt vornehmlich Höhlen in Baobabs, aber auch in anderen größeren Baumarten. Für *suahelicus* wird die Fortpflanzungsperiode je nach Verkommensgebiet unterschiedlich angegeben; sie scheint sich über fast das gesamte Jahr zu erstrecken. Nistmaterial wird von den Papageien nicht in die Höhle getragen; auf dem Höhlenboden wurden mitunter Holzspäne festgestellt, die offensichtlich vom Benagen der Innenwände durch die Papageien anfielen und als Gelegeunterlage dienten. Die Gelegegröße setzt sich bei *P. f. suahelicus* aus zwei bis fünf Eiern zusammen; ähnlich dürfte die Anzahl auch bei der Nominatform sein. Wahrscheinlich wird das Gelege allein vom Weibchen bebrütet. Über die Inkubationszeit bei wildlebenden Graukopfpapageien sind keine gesicherten Angaben vorhanden. In den ersten Tagen nach dem Schlupf werden die Jungvögel lediglich vom Weibchen mit Nahrung versorgt, das Männchen beteiligt sich erst nach ein paar Tagen direkt an der Futterübergabe.

Status im Freiland und in Menschenobhut

Die Bestandsgröße des Graukopfpapageis ist bei der Nominatform besorgniserregend. Insbesondere die Lebensraumvernichtung in den westlichen Gebieten Afrikas scheint diese Unterart nachhaltig zu beeinflussen. Wissenschaftlich fundierte und allumfassende Zählungen in diesen nur zerstreut besiedelten Gegenden sind dringend notwendig.

Ähnlich sieht die Situation bei *suahelicus* aus. Auch hier sind Habitatsverluste ursächlich für das Abnehmen der Gesamtpopulation. Da diese Unterart jedoch ein größeres Gebiet bewohnt, liegen die Bestandszahlen vermutlich noch über denen der Nominatform.

Neben der Lebensraumvernichtung stellt nach wie vor der Fang für den illegalen Vogelhandel eine Bedrohung dar, die aufgrund der bereits geringen Bestandszahlen nicht zu vernachlässigen ist. Derzeit wird der Graukopfpapagei im Anhang II des Washingtoner Artenschutzübereinkommens gelistet; *BirdLife International* bzw. *IUCN* stufen die beiden Unterarten des Graukopfpapageien gegenwärtig als „nicht gefährdet“ ein, was hauptsächlich auf dem Mangel an aussagekräftigen Freilanddaten beruht.

Auch in Menschenobhut kommt der Graukopfpapagei nicht häufig vor. Das Bundesministerium für Umwelt, Naturschutz und Reaktorsicherheit listet in den CITES-Jahresstatistiken für Deutschland von 1996 bis 2011 insgesamt 72 Graukopfpapageien auf, wobei 42 Vögel der Unterart *suahelicus* 1998 aus Burundi und 30 Exemplare der Nominatform 2005 von der Elfenbeinküste importiert wurden.

Graukopfpapageien

benötigen eine geräumige Voliere.

In zoologischen Einrichtungen sind Graukopfpapageien nach wie vor eine Seltenheit. Lediglich von fünf europäischen Zoos ist eine Haltung der Nominatform und *suahelicus* aus zwei Einrichtungen bekannt. In Deutschland wird die Art offensichtlich nicht mehr in Zoos oder Vogelparks gehalten. Laut AZ-Nachzuchtstatistiken der Jahre 2000 bis 2012 wurden von der Unterart *fuscicollis* sieben und von *suahelicus* zehn Jungvögel nachgezogen. Im *Poicephalus*-Zuchtbuch der VZE sind derzeit 17 Exemplare der Nominatform und 19 der Unterart *suahelicus* verzeichnet.

Bisherige Bruterfolge in Menschenobhut

Wegen der Seltenheit der Graukopfpapageien in Menschenobhut sind Nachzuchterfolge dieser Spezies auch nicht oft publiziert worden. In der Gegenwart ist die Zucht dieser Vögel aber bei einigen Haltern regelmäßig gelungen.

Im Jahr 1869 wurden Graukopfpapageien der Nominatform erstmals im Zoo London gezeigt. Fünf Jahre später erhielt auch Hagenbeck in Hamburg erste Vögel dieser Unterart. Bei G. und H. Isert (Deutschland) gelang im Jahr 1976 die europäische Erstzucht mit der Nominatform. Dieser Erfolg ist erstaunlich, denn das Zuchtpaar wurde im Frühjahr 1976 in einer Zimmervoliere verpaart. Bereits im Dezember schlüpften zwei Jungvögel, die von den Elterntieren problemlos aufgezogen wurden (Isert 1977, 1978). Weitere Erfolge mit diesem Zuchtpaar sind dem Ehepaar Isert auch in den Jahren 1978 und 1980 gelungen. Die Unterart *suahelicus* wurde in Europa erstmals 1978 im Vogelpark Walsrode gezüchtet;

Ein Graukopfpapageienpaar

in Brutstimmung; das Männchen füttert sein Weibchen.

die Tiere waren in einer Innenvoliere untergebracht und hatten auch in den Folgejahren Nachzuchten (Robiller 1997). Der bekannten englischen Papageienspezialistin Rosemary Low gelang 1981 die englische Erstzucht von *fuscicollis*. Weitere Erfolge konnte R. Low während ihrer Zeit als Kuratorin im Loro Parque auf Teneriffa sowie im Palmitos Park auf Gran Canaria erzielen (Low 2001b).

Problematisch scheint sich in der Gegenwart immer wieder die sichere Verpaarung von unterartgleichen Partnern zu gestalten. Die mitunter nur geringfügig oder gar nicht erkennbaren Unterschiede zwischen den Subspezies führen nicht selten zu Vermischungen der Unterarten bei Verpaarungen, wobei dies in den meisten Fällen sicherlich aus Unwissenheit geschieht.

Haltung und Zucht von Graukopfpapageien

Zwar sind Graukopfpapageien keine besonders flugfreudigen Vögel, dennoch sollte ihnen eine möglichst geräumige Voliere zur Verfügung gestellt werden. Das Gutachten über Mindestanforderungen an die Haltung von Papageien (BML 1995) sieht für diese Spezies ein Schutzhaus von einem Quadratmeter Grundfläche und eine Außenvoliere von 2 m Länge, 1 m Breite und 2 m Höhe pro Paar vor. Für die Winterzeit wird eine Mindesttemperatur von 5 °C angegeben. Die Maßangaben sollten unbedingt eingehalten werden, um bei Kontrollen keine Schwierigkeiten mit den Behörden zu bekommen. Besser ist es, diesen Papageien eine weitaus größere Voliere für den täglichen Aufenthalt zur Verfügung zu stellen.

Graukopfpapageien zählen zwar nicht zu den Holzzerstörern unter den Papageien, dennoch benötigen sie stabile Unterkünfte, die im Bedarfsfall auch ihren kräftigen Schnäbeln standhalten können. Für die Außenvoliere empfiehlt sich eine Metallrahmenkonstruktion mit einem stabilen Maschendrahtgeflecht. Das Schutzhaus sollte möglichst massiv errichtet sein, um den Graukopfpapageien besten Schutz vor schlechter Witterung und sonstigen Umwelteinflüssen bieten zu können. Manche Individuen zeigen dem Menschen gegenüber stets eine gewisse Scheu, sodass insbesondere der Schutzraum ein sicheres

Rückzugsgebiet für die Vögel darstellt. An unser Klima und den Menschen gewöhnte Graukopfpapageien sind liebenswerte Vögel, die angenehme Verhaltensweisen an den Tag legen und zudem nur wenig von ihrer Stimme Gebrauch machen. Ähnlich wie die Graupapageien geben auch die Graukopfpapageien angenehme, melodische Laute von sich.

Wie viele afrikanische Papageien beginnen Graukopfpapageien oft in den Wintermonaten mit der Brut. Aber auch hier bestätigen Ausnahmen die Regel. Als Nistmöglichkeit bietet man ihnen am besten eine Naturstammnisthöhle aus Hartholz. Da sie diese kaum benagen, halten derartige Bruthöhlen wesentlich länger als beispielsweise gezimmerte Nistkästen. Der Innendurchmesser sollte etwa 35 cm betragen, wobei auf eine Höhe von 90 bis 120 cm zu achten ist. Der Schlupflochdurchmesser sollte 10 cm betragen.

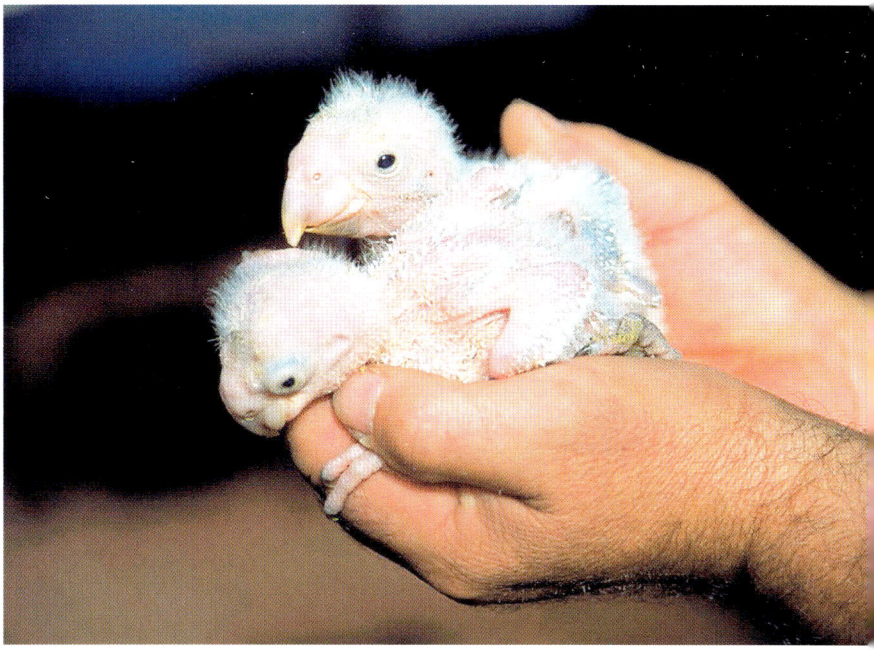

Graukopfpapageien-Nestlinge

im Loro Parque.

Wenn die Graukopfpapageien in Brutstimmung geraten, hält sich das Weibchen vermehrt im Innern der Nisthöhle auf. Einige Exemplare benagen die Innenwände der Höhle. Bei Paaren, die noch nie gebrütet haben, ist dies der richtige Zeitpunkt, die Tiere an die täglichen Nisthöhlenkontrollen zu gewöhnen. Graukopfpapageien nehmen diese meist nicht übel; bei Annäherung an die Brutstätte sollte sich der Züchter bereits bemerkbar machen, so dass das Weibchen Gelegenheit bekommt, die Nisthöhle ohne Panik zu verlassen. Graukopfpapageien-Männchen verhalten sich bei der Balz relativ unauffällig. Mit hängenden Flügeln bei aufrechter Körperhaltung nähert sich das Männchen seinem Weibchen. Nach dem Partnerfüttern kommt es schließlich zur Kopulation. In Menschenobhut werden zwei bis vier Eier gelegt; das Weibchen beginnt meist erst nach Ablage des zweiten Eies mit der Brut. Die Inkubation dauert 28 bis 30 Tage. Die rosafarbenen Nestlinge sind mit wenigen weißen Dunen bedeckt. In der Regel sind Graukopfpapageien sehr fürsorgliche Eltern, sodass die Aufzucht der Jungvögel meist keine Schwierigkeiten bereitet. Im Alter von 9 bis 14 Tagen öffnen sich die Augen der Jungen, und im Zeitraum von 16 bis 23 Tagen können sie, je nach Entwicklungsstand, mit geschlossenen 9,5-mm-Fußringen gekennzeichnet werden. Die Gefiederentwicklung geht langsam vor sich. Mit etwa 28 Tagen sind die Jungvögel erst vollständig mit weißen Sekundärdunen bedeckt, wobei die orangefarbenen Federn der Stirn bei beiden Geschlechtern (!) bereits mit ungefähr 21 Tagen zu erkennen sind. Mit rund 24 Tagen zeigen sich die ersten Flugfedern, denen mit etwa 35 Tagen die Schwanz-, Brust- und Bauchfedern folgen. Bald danach sind die jungen Graukopfpapageien vollständig befiedert. Im Alter von 68 bis 90 Tagen verlassen sie erstmals die Nisthöhle, sie müssen danach noch drei bis vier Wochen bei den Eltern bleiben, um als selbständig bezeichnet werden zu können. Wenn möglich, sollten die Jungtiere aber eine längere Zeit bei den Eltern belassen werden, um ihnen Lernerfahrungen in der Familiengruppe zu ermöglichen. Wenn die Eltern mit einer neuen Brut beginnen oder aggressiv gegenüber den Jungen werden, müssen diese entfernt werden.

Kap-Papagei
Poicephalus robustus (Gmelin 1788)

Gesamtlänge: etwa 25 - 34 cm
Gewicht: 260 - 328 g
Geschlechtsunterschiede: Männchen und Weibchen sind unterschiedlich gefärbt
Gelegegröße: 2 - 4 Eier
Brutdauer: 28 - 30 Tage
Nestlingszeit: (in Menschenobhut) 54 - 78 Tage
Gesetzesstatus: WA II / B (Keine Beringungspflicht, eine Beringung wird jedoch empfohlen; Meldepflicht und Herkunftsnachweis)

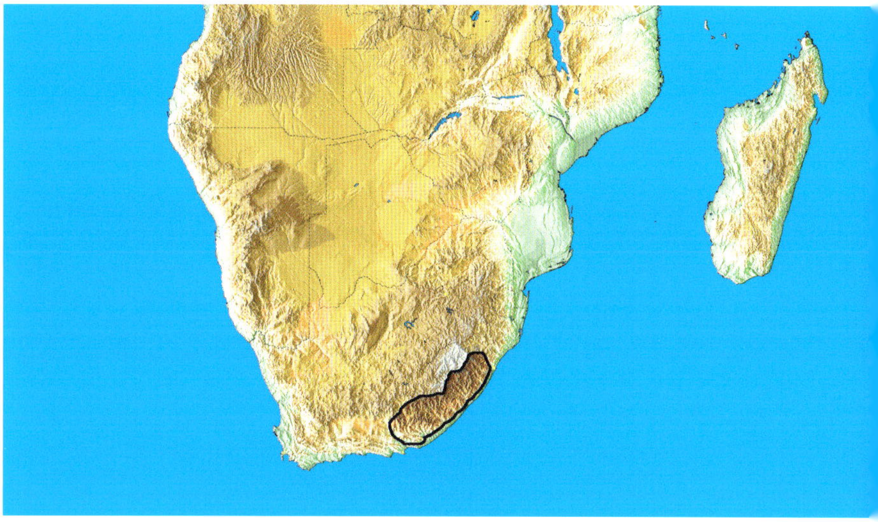

Kap-Papagei

Verbreitungskarte

Beschreibung

Die Grundgefiederfärbung ist blaugrün. Die Stirn ist dunkelbraun und der Scheitel olivgrün gefärbt. Ebenfalls olivgrün sind die Wangen, Ohrdecken, Hals und auch der Nackenbereich, wobei in all diesen Bereichen auch ein gelblichgrüner Farbton vorhanden sein kann. Schwarz sind die Zügel, das Kinn und die Kehle olivbraun. Der obere Bereich der Brust ist gelbgrün und der Schwanz dunkelgrau gefärbt. Die Schulter und die oberen Flügeldecken sind dunkelgrün mit helleren grünen Säumungen. Rot sind der Flügelbug, Flügelrand und die Unterschenkel. Die Weibchen weisen in der Regel eine orangerote Stirn auf und sind so gut von den Männchen zu unterscheiden, denen diese Färbung im Stirnbereich fehlt. Gesamtlänge ca. 30 cm.

Systematik und Unterarten

Noch vor einigen Jahren wurde der Kap-Papagei in drei Unterarten aufgeteilt. Nach neueren Untersuchungen wurden nun morphologische, genetische und biogeografische Differenzen zwischen den drei Subspezies festgestellt, die eine monotypische Stellung des Kap-Papageien als Art rechtfertigten. Die Ergebnisse dieser Untersuchungen werden allerdings diskutiert und immer noch nicht überall anerkannt, sodass in manchen Veröffentlichungen an der älteren systematischen Aufteilung festgehalten wird. Nähere Einzelheiten zur systematischen Neueinteilung des Kap- und des Graukopfpapageien sind in dem Artenteil über den Graukopfpapageien nachzulesen. Ungeachtet der Diskussion wäre es zu begrüßen, wenn sich der Artstatus des Kap-Papageis allgemein durchsetzen würde, denn dann könnten intensivere Schutzmaßnahmen für ihn realisiert werden, die sich aus einer zu erwartenden CITES-Hochstufung ergeben würden.

links: Kap-Papagei (Poicephalus robustus) – ein Weibchen

Poicephalus robustus (Gmelin, 1788) – Kap-Papagei: Endemisch in Südafrika, hier auf wenige Gebiete im östlichen Landesteil begrenzt und als Restpopulation im nördlichen Bereich Südafrikas.

Verbreitung und Freileben

Das Verbreitungsgebiet des Kap-Papageis erstreckt sich über Teile des östlichen Südafrikas bis Wolkberg im Norden, wo eine Restpopula-

Kap-Papagei

Eine Gruppe Kap-Papageien

hat sich in einem Pecannussbaum zum Fressen eingefunden.

tion existiert. In den östlichen Landesteilen sind die Populationen dieser Spezies als Nahrungsspezialisten eng an ihr ursprüngliches Habitat gebunden; Kap-Papageien zeigen bei der Nahrungssuche aber nicht selten auch ein nomadenhaftes Verhalten. Insgesamt kann die Populationsaufteilung in den Vorkommensgebieten aufgrund der nicht kontinuierlich vorhandenen Habitatvoraussetzungen als fragmentiert bezeichnet werden.

Als Lebensraum bevölkern Kap-Papageien Gebiete, in denen Steineibengewächse (*Podocarpus* spp.) vorkommen. Von dieser Baumart dominierte Bergwälder befinden sich in Höhenlagen zwischen 1.000 bis 1.700 m ü. NN und sind meist nur noch isoliert vorhanden. Die Samen und Früchte der *Podocarpus*-Bäume liefern den Papageien eine wichtige Lebensgrundlage und abgestorbene Bäume geeignete Nisthöhlen. Kap-Papageien sind hier in kleinen Gruppen von bis etwa zehn Vögeln anzutreffen; an nahrungsreichen Orten und Wasserstellen sind auch größere Ansammlungen möglich. Daneben nutzen sie eine Vielzahl an Baum- und Straucharten mit Samen, Früchten, Schösslingen und Blütennektar als Nahrungspflanzen. Mitunter suchen Kap-Papageien auch Nutzflächen auf, wo sie verschiedene Obstsorten fressen.

Zur Nachtruhe sammeln sich Kap-Papageien auf Schlafbäumen, die morgens wieder zur Nahrungssuche verlassen werden. Bei Nahrungsknappheit legen die Vögel größere Distanzen zurück, um dann die 60 bis 80 km entfernten Küstenregionen aufzusuchen. Nicht immer kehren die Gruppen noch am gleichen Tag in ihre ursprünglichen Habitate zurück, sondern halten sich mitunter mehrere Tage in den nahrungsreicheren Gebieten auf.

Die Aktivitätsphasen erstrecken sich über die Morgenstunden und die Zeit vor und während der Abenddämmerung. Die Mittagszeit verbringen Kap-Papageien im Laubwerk von Bäumen; sie geben sich dort der sozialen Gefiederpflege hin oder legen ausgiebige Ruhephasen ein.

Die Fortpflanzungsaktivitäten der Kap-Papageien erstrecken sich von August bis Februar. Die Bruthöhlen befinden sich fast ausschließlich in abgestorbenen größere Steineiben mit einem entsprechenden Stammdurchmesser und durchschnittlich in etwa 10 m Höhe. Die Gelegegröße variiert im Freiland zwischen zwei und fünf Eiern. Als Brutdauer wurden von südafrikanischen Wissenschaftlern 28 bis 30 Tagen ermittelt. Angaben über die Dauer der Nestlingszeit fehlen bislang. Vermutlich bleiben die jungen Kap-Papageien noch über einen längeren Zeitraum im Familienverband. Da nur eine Jahresbrut üblich ist und die Vögel nur in wenigen Fällen jedes Jahr brüten, können die Jungvögel durchaus über mehr als 12 Monate bei den Eltern bleiben.

Status im Freiland und in Menschenobhut

Bei den Kap-Papageien wird die Gesamtpopulation seit 1998 jährlich bei den so genannten „Cape Parrot Big Birding Days" gezählt und statistisch erfasst. Im Jahr 2011 lag der Bestand lediglich noch bei 1.187 Individuen (Downs 2011), was den Kap-Papageien zu einer der am stärksten bedrohten Papageiart Afrikas werden ließ. Wie bei vielen anderen Arten ist die Habitatsvernichtung einer der wesentlichen Gründe für die geringe Reproduktionsrate bei dieser Spezies. Die frühen Siedler erkannten in Südafrika bald die Qualität der Yellow-wood-Bäume (*Podocarpus* spp) für den Möbelbau, und die Wälder wurden für diesen Zweck nach und nach dezimiert. Zunächst geschah dies in geringer Intensität. Mit der anhaltenden Besiedlung und dem Bevölkerungswachstum stieg jedoch die Nachfrage nach dem begehrten Holz stetig und führte im Laufe der Zeit zur Waldzerstückelung. Dies ließ

Durch Forst- und Landwirtschaft geprägte Gebiete

sind heute der Lebensraum der Kap-Papageien.

das Nahrungsangebots für die Kap-Papageien knapp werden, sodass die Vögel heute entweder größere Strecken zur Nahrungssuche zurücklegen oder nach Alternativen suchen müssen. So werden von den Papageien auch hin und wieder Obstgärten aufgesucht, sehr zum Ärger der Obst bauern, die die Kap-Papageien als Ernteschädlinge verfolgen. Vor ein paar Jahren sind von einem Bauern etwa 20 Kap-Papageien abgeschossen worden, die in seinen Obstgarten in der Eastern Cape Provinz eingefallen waren. Hinzu kommen Verluste durch den illegalen Fang für den internationalen Vogelhandel, und es wird vermutet, dass sich über kurz oder lang auch Krankheiten wie die Schnabel- und Federkrankheit (PBFD) negativ auf die Populationsentwicklung auswirken könnte. Immer noch wird der Kap-Papagei lediglich im Anhang II des Washingtoner Artenschutzübereinkommens gelistet, und die Population von BirdLife International bzw. der IUCN als „nicht gefährdet" angesehen, weil er lediglich als Unterart des Graukopfpapageis geführt und dessen Populationen zugerechnet wird. Auch in der deutschen Bundesarten-

Zuchtanlage für Kap-Papageien

in Südafrika (links); junge Kap-Papageien sollten so lange wie möglich bei den Elterntieren bleiben (rechts).

schutzverordnung wird er als nicht besonders gefährdete Art gehandhabt. Als Folge werden für die Vögel und ihre Nachzucht keine geschlossenen Artenschutzringe benötigt. Bis vor kurzem mussten sie lediglich mit einem Ring auf Grundlage der Psittakose-Verordnung gekennzeichnet werden. Nach dem Wegfall der Psittakose-Verordnung sind Kap-Papageien nicht einmal mehr kennzeichnungspflichtig, was angesichts ihrer realen Bedrohung absurd erscheint.

In Menschenobhut ist der Kap-Papagei eine Rarität. In Europa werden Kap-Papageien derzeit lediglich im Zoo Mulhouse (Frankreich) und im Loro Parque auf Teneriffa (Spanien) gehalten. Darüber hinaus kursieren Gerüchte über Privathaltungen, so auch innerhalb Deutschlands. Leider lässt sich der Wahrheitsgehalt derartiger Aussagen nur in den seltensten Fällen prüfen. Verlässliche Informationen besitzen die Verfasser lediglich von drei europäischen Züchtern, die insgesamt 14 Kap-Papageien in ihren Anlagen pflegen. Außerhalb Europas befinden sich einige Exemplare in Volieren in Südafrika, die Bestandteil eines Zuchtprojektes zum Erhalt der Spezies sind.

Das Bundesministerium für Umwelt, Naturschutz und Reaktorsicherheit listet in seinen Einfuhrstatistiken zwar einige Vertreter von *P. robustus* auf, bei denen es sich aber wahrscheinlich ausnahmslos um Vertreter von *P. fuscicollis* handelt.

Bisherige Bruterfolge in Menschenobhut

Im Jahr 1853 gelangten vermutlich die ersten lebenden Kap-Papageien in den Zoo London und somit nach Europa. In Deutschland erhielt Frau Hagenbeck in Hamburg 1874 diese Papageien. Kap-Papageien wurden in der Folgezeit immer selten in Europa gehalten. Der Zoo Basel (Schweiz) erhielt 1955 ein Paar, mit dem 1964 die Welterstzucht gelang. In den folgenden vier Jahren gelangen dem Zoo beachtliche Erfolge: Aus sieben Gelegen wurden 15 Jungvögel gezogen. Auch der Kölner Zoo und der Vogelpark Walsrode hatten Kap-Papageien in der Kollektion; in Walsrode gelang in den 1970er Jahren die deutsche Erstzucht. Im französischen Zoo Mulhouse sollen sich gegenwärtig fünf Exemplare befinden, mit denen im Jahr 2004 auch ein Zuchterfolg gelungen sein soll. Im Herbst 2009 gelangten von dort ein Paar und ein einzelnes Männchen in den Loro Parque auf Teneriffa, wo im Frühjahr 2010 aus sechs Eiern drei Junge schlüpften, die erfolgreich aufgezogen wurden. 2011 gelang die Aufzucht von weiteren vier Jungvögeln (Brockner, pers. Mitteilung).

Die besten Erfolge sind bisher in Südafrika gelungen. Hier ist William A. Horsfield einer der erfolgreichsten Züchter von Kap-Papageien weltweit. Ihm gelangen bereits Nachzuchten in der dritten Generation. Auch er beteiligt sich an dem *National Cape Parrot Studbook* von Südafrika. Innerhalb der Volierenpopulation existiert jedoch ein Überschuss an männlichen Tieren, was die Zuchtbemühungen erschwert.

Blick in die Nisthöhle

eines Zuchtpaares der Kap-Papageien.

In Menschenobhut werden nach der Entnahme des Erstgeleges zur Handaufzucht häufig Nachgelege produziert, die eine Steigerung der Jungvogelzahlen in derartigen Projekten zur Folge haben. Eine Auswilderung zur Stärkung der Freilandpopulation mit gezüchteten Vögeln wird von wissenschaftlicher Seite bislang abgelehnt, da die Gefahr des Einschleppens von Krankheiten zu groß ist und Schwierigkeiten bei der Sozialisierung und Integration der gezüchteten Vögeln in die Freilandpopulation mit ihrer komplexen und sozialen Struktur auftreten könnten. So sind die Volierenvögel anfällig gegenüber Beutegreifern oder könnten aufgrund der Nahrungsumstellung an Unterernährung sterben.

Haltung und Zucht von Kap-Papageien

Die Unterbringung von Kap-Papageien sollte in unseren europäischen Breiten in kombinierten Innen-/Außenvolieren erfolgen. Der Schutzraum muss während der Wintermonate beheizt werden. Bei W. Horsfield in Südafrika werden die Kap-Papageien ganzjährig in Hängekäfigen untergebracht, in denen auch die Nisthöhlen angebracht sind. Zwischen den Hängekäfigen dient eine dichte Bepflanzung als Sichtschutz für die Paare. In derartigen Unterkünften sind W. Horsfield bereits zahlreiche Nachzuchterfolge gelungen. Von ihm stammen einige der Mitteilungen über die Zucht dieser Art in Menschenobhut.

Im Abstand von zwei bis drei Tagen werden in der Regel zwei bis vier Eier gelegt. Das Weibchen übernimmt allein die Bebrütung des Geleges über einen Zeitraum von 28 bis 30 Tagen. Anfangs sind die Jungvögel nur spärlich mit weißen Dunen bedeckt, die nach einige Tage beginnen, dichter zu werden. Im Alter von 25 bis 35 Tagen brechen die ersten Schwungfedern, die Schwanzfedern und auch die Federn des Brust- und Bauchgefieders auf. Die Nestlingszeit beträgt zwischen 54 und 78 Tagen.

Voll befiederte Junge beider Geschlechter zeigen in den ersten Monaten rote Federn an der Stirn; beim Männchen verschwinden diese nach der ersten Mauser.

Kongopapagei
Poicephalus gulielmi (Jardine1849)

Gesamtlänge: etwa 26 - 28 cm
Gewicht: 200 - 227 g
Geschlechtsunterschiede: Männchen und Weibchen sind gleich gefärbt
Gelegegröße: 2 - 3 Eier
Brutdauer: 28 - 30 Tage
Nestlingszeit: (in Menschenobhut) 70 - 95 Tage
Gesetzesstatus: WA II / B (Artenschutzring; Meldepflicht und Herkunftsnachweis)

Beschreibung

Männchen und Weibchen sind gleich gefärbt. Die Grundgefiederfärbung der durchschnittlich etwa 28 cm großen Vögel ist grasgrün. Stirn, Scheitel, Flügelbug und Schenkel sind kräftig rot gefärbt, Flügeldecken, Teile der Unterflügeldecken und Schwanzfedern schwarz, zum Teil mit dunkelgrünen Säumen. Der Schnabel ist dunkelgrau bis schwarz mit hellen Partien an der Oberschnabelbasis. Die Iris ist bei adulten Vögeln orangerot, die Füße sind grau. Jungvögel haben keine oder nur wenige rote Federn an Stirn und Flügelbug. Die Iris ist braun, die Füße sind graubraun.

Systematik und Unterarten

Nach den gängigen systematischen Auffassungen wird der Kongopapagei innerhalb der *Poicephalus*-Gattung dem Subgenus *Eupsittacus* zugeordnet, zu dem auch die zwei größeren Formen Kap- und Graukopfpapagei gerechnet werden. Auch der Gelbstirnmohrenkopfpapagei gehört möglicherweise in die nähere Verwandtschaft dieser drei Arten und damit zum Subgenus *Eupsittacus*.

links: Reichnows Kongopapagei (Poicephalus gulielmi massaicus)

Kongopapagei

Verbreitungskarte

Kongopapageien bewohnen mehrere, z.T. weit auseinander liegende Verbreitungsgebiete in West-, Zentral- und Ostafrika. Die isolierte Lage der Verbreitungsgebiete hat zu vier deutlich differenzierten Unterarten geführt. Eine Hybridzone ist bei den beiden Unterarten *massaicus* und *permistus* wahrscheinlich.

1. *Poicephalus gulielmi gulielmi* (Jardine 1849) – Kongopapagei: Zentralafrika von Süd-Kamerun über Gabun und Kongo bis Nordwest-Angola und östlich durch die Demokratische Republik Kongo bis Süd-Uganda und Ruanda. Dies ist die größte Unterart mit einer durchschnittlichen Größe von etwa 28 cm.

2. *Poicephalus gulielmi fantiensis* (Neumann 1908) – Neumanns Kongopapagei: Diese Unterart bewohnt die Regenwälder Westafrikas in Liberia, der Elfenbeinküste und Süd-Ghanas. Sie unterscheidet sich von der Nominatform durch ausgedehntere orangerote

Kongopapagei (*P. g. gulielmi*) – typisch sind die schwarze Oberschnabel- und rote Stirnfärbung.

Neumanns Kongopapagei (*P. g. fantiensis*) – typisch ist die orangerote Stirnfärbung.

Gefiederpartien an Stirn, Flügelsäumen und Schenkeln. Die Unterseite ist blasser grün und die dunklen Federsäume sind blasser. Die Größe beträgt im Durchschnitt 26 cm.

3. *Poicephalus gulielmi massaicus* Fischer & Reichenow 1884 – Reichenows Kongopapagei: ein kleinen Gebiet im südlichen Kenia, in der Gegend um den Arusha-Nationalpark und dem Mount Kilimanjaro in Tansania. Vögel dieser Unterart tragen nur an der Stirn rote Gefiederabzeichen. Die grünen Gefiederbereiche von Ohrdecken, Wangen, Nacken sowie die Säumungen der Schirmfedern, Oberflügeldecken, Arm- und Handschwingen besitzen einen deutlich erkennbaren blauen Schimmer. Mit 27 bis 28 cm Größe etwas kleiner als die Nominatform (vgl. Low 1999).

4. *Poicephalus gulielmi permistus* Neumann 1931 – Kenia-Kongopapagei: Hochlandwälder von Zentral- und West-Kenia beidseitig des Rift-Valley; vom Mount Elgon in Kenia südlich bis zum Mount Meru. Das markanteste Unterscheidungsmerkmal von *permistus* zu den übrigen drei Subspezies von *P. gulielmi* ist der spezifisch helle Oberschnabel. Die Grünfärbung ist blasser als bei der Nominatform mit wenigen schwarzen Federsäumen.

Die vierte Unterart *Poicephalus gulielmi permistus* wird heute nicht immer anerkannt und meist als synonym mit *massaicus* eingestuft. Mit dieser Thematik befasste sich einer der Verfasser (J. Asmus) in den Jahren 2005 und 2006; nach ausgiebigen Literaturrecherchen, die eine Erklärung für den Wegfall der Subspezies *permistus* liefer-

Reichenows Kongopapagei (P. g. massaicus) – typisch ist der bläuliche Anflug des Gefieders.

Kenia-Kongopapagei (P. g. permistus) – typisch ist die helle Oberschnabelfärbung.

ten, wurden insgesamt 103 Bälge aus verschiedenen naturhistorischen Sammlungen Europas und den USA, untersucht. Es konnte festgestellt werden, dass die Angaben in Neumanns Erstbeschreibung (1931) der Subspezies *permistus* und ihre als typisch angegebenen Unterschiede in der Färbung und Größe zu den Subspezies *gulielmi*, *fantiensis* sowie *massaicus* zwar mit einigen Einschränkungen, aber im Wesentlichen korrekt sind (Asmus 2006). Die Daten der Balguntersuchungen vom Verfasser wurde im Jahr 2010 Umut Yilmaz, einem Studenten von Prof. Dr. Jürgen Heym (Hochschule Hof für Angewandte Wissenschaften, Fachhochschule Hof, Fakultät Informatik), für seine Bachelorarbeit zur Verfügung gestellt, um diese mit Hilfe von Data-Mining-Techniken nochmals auszuwerten. Die Ergebnisse der Balguntersuchungen konnten durch die Auswertungen und Ergebnisse der Data-Mining-Technik bestätigt werden (Yilmaz 2010).

Verbreitung und Freileben

Kongopapageien sind in mehreren voneinander getrennten Populationen in West-, Zentral und Ostafrika verbreitet (siehe Unterarten). Das größte Verbreitungsgebiet hat die Nominatform mit wahrscheinlich vier voneinander getrennten Populationen. Die erste Population kommt in einem großen Küstenstreifen entlang der afrikanischen Westküste von Kamerun im Norden bis zur Republik Kongo im Süden vor, die zweite in Zentralafrika über die Demokratische Republik Kongo bis Süd-Uganda und Ruanda, die dritte im Norden von Angola und die vierte im Süd-

Kongopapagei

Unterarten des Kongopapageis

von oben nach unten: massaicus, permistus, fantiensis und gulielmi.

westen der Demokratischen Republik Kongo. Ob und inwieweit diese zum Teil weit auseinander liegenden Populationen durch Verbreitungskorridore miteinander verbunden sind, ist bislang unbekannt. Gleiches gilt für die Unterart *fantiensis* mit mehreren (wahrscheinlich) isolierten Populationen in Liberia, der Elfenbeinküste und Süd-Ghana. Die Unterarten *massaicus* und *permistus* haben eine Mischzone in Süd-Kenia. Die genauen Verbreitungsgrenzen der Art sind bislang unbekannt.

Auch über das Freileben aller vier Unterarten des Kongopapageis weiß man so gut wie nichts. Nur wenige Forschungsberichte, Beobachtungen von Naturreisenden und Fotos aus dem Freiland sind bislang veröffentlicht worden und reichen zum Teil mehrere Jahrzehnte zurück (vgl. Morgan-Davies & Peterson 1976). Demnach sind Kongopapageien überwiegend Waldbewohner. In Ghana, Liberia und Elfenbeinküste bewohnen sie die tropischen Regenwälder unterhalb von 700 m. Die Vögel der Unterarten *permistus* und *massaicus* sind Bewohner der Bergwälder und der bewaldeten Berghänge rund um den Mount Meru, den Kilimandscharo und den Mount Elgon in Kenia und Tansania. Sie bevorzugen Wäldern mit Zedern, Wacholder- und *Podocarpus*-Bäumen bis knapp unter 3.300 m über NN. Damit gehört die Art zu den Papageien mit der höchsten Vertikalverbreitung der Welt (Fry, Keith & Urban 1988, vgl. Robiller 1997).

Die übliche soziale Einheit von Kongopapageien im Freiland ist das Paar oder der Familienverband. Stärkere Gruppen sind nur in Gebieten mit größeren Nahrungsressourcen zu beobachten. Als Waldbewohner haben Kongopapageien weniger Probleme mit der Nahrungsbeschaffung als die Bewohner trockener Steppengebiete. Sie sind deshalb in der Regel Standvögel und müssen kaum größere Nahrungsflüge unternehmen. Dennoch sind Flugstrecken bis zu 60 km zwischen Übernachtungs- bzw. Brutstandort und Futterplatz dokumentiert. Kongopapageien gehören zu den Ernährungsgeneralisten. Ihre Nahrung besteht aus einer Vielzahl verschiedener Arten Samen, Nüsse, Knospen, Früchte und Beeren sowie Insekten und ihren Larven. Eine gewisse Präferenz der Vögel wurde für die Früchte der Ölpalme (*Elaeis guineensis*) nachgewiesen, die auch eine Hauptnahrungsquelle für Graupapageien darstellen. Die Aufnahme dieser Früchte deutet darauf hin, dass Kongopapageien einen hohen Bedarf an fetthaltiger Nahrung haben, was bei der Haltung in Menschenobhut (und der Auswahl der geeigneten Futtermischung) entsprechend berücksichtigt werden sollte.

Die Brutzeit im Freiland ist abhängig vom Beginn der Regenzeit. Sie liegt im Westen des Verbreitungsgebietes von Oktober bis November und März bis Juli, weiter östlich verschiebt sie sich mehr in das dritte Jahresdrittel. In Tansania brütet *massaicus* zwischen November und Februar/März. Die bisher einzige detaillierte Feldstudie stammt aus dem Jahr 1976: Untersuchungen an 18 Bruthöhlen an den Berghängen des Mount Meru in Ostafrika ergaben, dass die Nisthöhleneingänge in 3 bis 12 m Höhe (im Durchschnitt etwa 9 m) lagen und die Höhlen selbst zwischen 60 und 250 cm tief waren. Durchschnittlich drei Eier werden in dreitägigem (!) Abstand gelegt und etwa 28 Tage lang allein vom Weibchen bebrütet. Es wird vermutet, dass die Jungen bis zur nächsten Brutzeit im Familienverband verbleiben (Fry, Keith & Urban 1988, Morgan-Davies & Peterson 1976, vgl. Robiller 1997).

Status im Freiland und in Menschenobhut

Der genaue Freilandstatus des Kongopapageien ist nicht annähernd bekannt, da detaillierte Feldstudien bislang fehlen. Selbst Einzelbeobachtungen und Fotos von Naturreisenden oder Naturfotografen liegen kaum vor. Die IUCN stuft den Kongopapagei mit allen Unterarten aufgrund seines großen Verbreitungsgebietes derzeit noch summarisch als nicht gefährdet („least concern") ein, verzeichnet aber einen generellen Rückgang der Populationen, vor allem bei der Unterart *fantiensis* in Liberia und an der Elfenbeinküste (vgl. Robiller 1997).

In Menschenobhut ist der Kongopapageien mittlerweile in größerer Zahl vertreten, vor allem in Privathand, kaum dagegen in Zoos. Die Zootierliste verzeichnet gegenwärtig in Deutschland nur zwei Haltungsorte für die Nominatform und drei für die Unterart *fantiensis*. Im übrigen EAZA-Raum werden in neun Zoos Vögel der Unterart *gulielmi*, in drei Zoos *fantiensis*- und in einem Zoo *massaicus*-Exemplare gehalten. Ein Teil davon dürfte noch auf Importvögel oder ihr unmittelbaren Nachkommen zurückgehen. Mehr als 40.000 Vögel sollen insgesamt ab 1976 aus ihrer afrikanischen Heimat, insbesondere aus dem Mount-Kilimandscharo-Gebiet, exportiert worden sein (IUCN-Homepage, Zugriff am 17.9.2012). Die genehmigten legalen Importe in die BRD im Zwanzigjahreszeitraum von 1987 bis 2006 zeigt unten stehende Tabelle 5.

Neumanns Kongopapageien

bewohnen in Ghana die Tieflandregenwälder.

In der bundesdeutschen Nachzuchtstatistik stehen Kongopapageien nach Mohrenkopf- und

Jahr	1987	1988	1989	1990	1991	1992	1993	1994	1995	1996
Anzahl	1	1	466	220	53	131	118	463	120	184
Jahr	1997	1998	1999	2000	2001	2002	2003	2004	2005	2006
Anzahl	100	100	3	71	62	3	199	–	–	–
Summe	2.295 Vögel, Jahresdurchschnitt 114 Vögel									

Tab. 5: Importe von Kongopapageien in die BRD (Quelle: Jahresberichte des Bundesministeriums für Umwelt, Naturschutz und Reaktorsicherheit 1988f).

Kongopapagei

Kongopapageien

sind noch recht gut in Menschenobhut vertreten.

Goldbugpapagei mittlerweile an dritter Stelle unter den Langflügelpapageien. Dieses bezieht sich in erster Linie auf Vögel der Nominatform. Sie werden regelmäßig nachgezogen, sodass die Preise inzwischen bereits deutlich gefallen sind. Weniger gute Zuchterfolge gibt es momentan noch bei der *fantiensis*-Unterart, und nur gelegentliche Erfolge bei *massaicus*. Vögel dieser Formen sind somit gegenwärtig noch recht teuer. Zu beachten gilt, dass oftmals die als *massaicus* angebotenen Vögel in Wirklichkeit Vertreter von *permistus* sind. In der AZ-Nachzuchtstatistik (2000 – 2011) sind zwischen drei und 25 Zuchtpaare mit sieben bis 53 Jungtieren aufgeführt, was einem durchschnittlichen Bruterfolg zwischen 1,9 und 2,7 Jungvögeln pro Jahr und Paar entspricht. Im *Poicephalus*-Zuchtbuch der VZE waren zum Jahresende 2012 immerhin 138 Kongopapageien in drei Unterarten verzeichnet, darunter allein 111 Vögel der Nominatform.

Bisherige Bruterfolge in Menschenobhut

Das genaue Jahr ihrer Ersteinfuhr nach Europa ist in der Literatur nicht angegeben, aber seit 1862 gehörten Kongopapageien nachweislich zum Vogelbestand des Londoner Zoos. Auch bei Hagenbeck in Hamburg waren sie etwa um diese Zeit vertreten. Weitere Hinweise über die Haltung in der zweiten Hälfte des 19. Jahrhunderts liegen offenbar nicht vor. Erst ab den 1970er Jahren kamen kleinere Importe nach Europa, einige auch nach Deutschland, die aber sowohl bei den Zoos als auch den Privatliebhabern nur schleppenden Absatz fanden und damals kaum mehr als 100 DM kosteten. Erst 1978 gelang die Erstzucht bei John und Pat Stoodley in England. Weitere dokumentierte Zuchten gelangen bei Fricker in der Schweiz (Fricker 1979, 1980), bei Roß in Deutschland (Roß 1984) und im Weltvogelpark Walsrode und im Loro Parque auf Teneriffa (Robiller 1997). Seither gelingen Nachzuchten von Kongopapageien vielfach, und nicht selten bereits in zweiter oder dritter Generation. Nach der Eingewöhnung erwiesen sich die Importtiere in der Regel als recht robuste Volierenvögel, die nur wenig krankheitsanfällig, wohl aber recht stressanfällig waren und ihre Scheu nur sehr langsam ablegten. Dies mag der Grund dafür sein, dass unter den Importvögeln relativ viele zu Federrupfern wurden, eine unangenehme Verhaltensauffälligkeit, die heute nicht selten noch bei Vögel der Unterart *fantiensis* zu beobachten ist. Nachzuchten der Nominatform neigen heute kaum zum Rupfen und sind in der Regel stabile und wenig stressanfällige Volierenvögel.

Jungvogel (lfd. Nr.)	Brutzeit (Monat)	Gelegegröße	Brutdauer (in Tagen)	Nestlingszeit (in Tagen)	Paar Nr.	Bemerkung
1	Februar 2004	2	nicht ermittelt	-	1	tot nach 11/12 Tagen
2	Januar 2005	2	36	-	1	tot nach 34 Tagen
3 und 4	Februar 2007	2	nicht ermittelt	72 und 82	2	
5 und 6	Oktober 2007	2	30/31	74 bis 76	2	
7	April 2008	2	33	85	2	
8	Januar 2008	3	34 bis 36	-	2	tot nach 2 Tagen
9	März 2009	3	34	-	2	tot nach 3 Tagen
10 und 11	November 2009	2	25 bis 25	83 bis 06	2	
12 bis 14	Juli 2012	3	32	75 bis 83	2	

Tab. 6: Brutzeit, Brutdauer und Nestlingszeit aller bisher geschlüpften Kongopapageien in der Anlage eines der Verfasser (W. Lantermann) – Paar 1 und 2.

Haltungserfahrungen der Verfasser

Kongopapageien werden – nach ersten Haltungserfahrungen mit dieser Art in den 1980er Jahren (Lantermann & Schuster 1989) – derzeit mit zwei Paaren der Nominatform und mehreren Jungtieren in der Anlage eines der Verfasser (W. Lantermann) gehalten. Das erste ältere Paar setzt sich noch aus Wildfängen zusammen. Mit ihm gelang 2005 die Aufzucht eines Jungvogels bis zum 34. Tag, danach ergab ein DNA-Test aber das Vorliegen einer Viruserkrankung. Seither sind beide Alttiere, die jedoch keine klinischen Symptome zeigen und laut CITES-Bescheinigungen derzeit mindestens 19 (Männchen) und 14 (Weibchen) Jahre alt sind, von der Zucht ausgeschlossen. Ein weiteres Paar aus Nachzuchtvögeln wurde 2006 angeschafft. Mit diesem gelang bereits 2007 die erste Zucht. Seither sind von diesem Paar sieben Gelege mit insgesamt 17 Eiern gelegt worden, 14 Junge sind geschlüpft und zehn aufgezogen worden. Die durchschnittliche Brutzeit betrug bei diesem Paar 33 (!) Tage, die Nestlingszeit betrug 72 bis 96 Tage (vgl. Tab. 6).

Jedes Paar bewohnt eine 2 × 2 × 2 m große Außenvoliere mit angeschlossenem kleinen heizbaren Schutzraum. Die Voliere wird im Frühjahr jeweils neu mit dicken Ästen bestückt, zudem werden regelmäßig das Jahr über frische Weiden- und Obstbaumzweige zum Benagen gereicht. Die Vögel bleiben bis zum ersten Frost in der kombinierten Anlage, danach werden sie bei etwa 10° im Innenraum überwintert – in frostfreien Phasen aber auch gelegentlich in die Freivoliere gelassen. Ernährt werden die Vögel mit der Papageien-Züchtermischung von Versele Laga in Verbindung mit der täglichen Beigabe von Apfel- und Möhrenstücken, ab dem Frühjahr auch mit Grünfutter aus dem Garten sowie Grit- und Kalkbeigaben. Etwa zwei Wochen vor dem erwarteten Schlupf der Jungen werden ein Eifutter und gekeimte Saat gereicht. Unter diesen Bedingungen legen die Vögel meist im Winterhalbjahr oder im zeitigen Frühjahr ihre zwei oder drei Eier. In der Regel wachsen die Jungvögel problemlos heran, aber es blieben auch eben geschlüpfte Küken – trotz vorangegangener Erfahrungen des Zuchtweibchens – unbeachtet und nicht gefüttert. Mit den relativ niedrigen Wintertemperaturen scheinen die Vögel, auch die frisch geschlüpften Jungvögel, keine Probleme zu haben. Denn Kongopapageien haben wegen ihrer Vertikalverbreitung im Freiland bis etwa 3.300 m

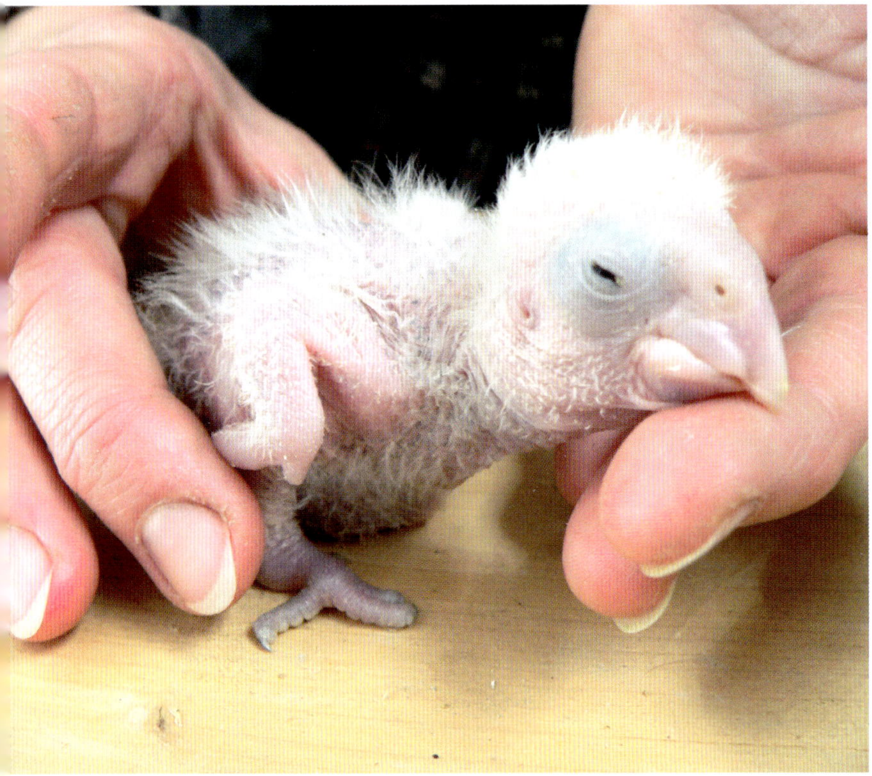

Kongopapageien-Junges

im Alter von 21 Tagen (links) und nach dem Ausfliegen.

Höhe (Fry, Keith & Urban 1988) einen dichten Dunenpelz und eine lange Nestlingszeit, die die Jungen vor Kälte und frühzeitigem Tod schützen sollen. Verhaltensauffälligkeiten und -störungen wie das Federrupfen waren bisher nicht zu beobachten, wohl aber legte besonders das Zuchtweibchen während der Jungenaufzucht eine außergewöhnliche (?) Aggression an den Tag, die sich in der Regel gegen den Pfleger, seltener auch gegen eben ausgeflogene Jungtiere richtete. Aufgrund des langsamen Wachstums der Jungvögel konnte die Beringung (9,5-mm-Ring) in der Regel erst um den 20. Lebenstag erfolgen. Mit einem Verlassen der Nisthöhle war in der Regel kaum vor dem 80. Lebenstag zu rechnen, aber auch dann suchten die Jungvögel abends wieder die schützende Höhle auf, wo sie weiterhin von den Eltern versorgt wurden. Erst etwa drei Wochen nach dem Ausfliegen begannen die Jungen selbständig zu werden. Manche Jungen konnten dann noch längere Zeit bei den Eltern belassen werden, andere wurden nach einer gewissen Zeit zum Teil heftig vom Weibchen attackiert und mussten – so gerade eben futterfest – schon frühzeitig von den Alttieren getrennt werden. Der Ausfärbungsprozess der Jungvögel war erst mit drei Jahren weitgehend abgeschlossen (vgl. Lantermann 2009b, 2010a).

Reinschmidt (2009) weist darauf hin, dass mittlerweile in diversen Zuchtanlagen schon Mischlinge aus allen drei Kongopapageien-Unterarten gezüchtet werden. Da die drei Unterarten bei den adulten Vögeln in der Regel aber gut zu unterscheiden sind, schädigen solche Verpaarungen in jedem Fall die vorhandene Volierenpopulation und sind absolut unverständlich. Somit bleibt der Hinweis, stets auf eine unterartenreine Verpaarung der Vögel zu achten und vorhandene Mischlinge von der Weiterzucht auszuschließen.

Goldbugpapagei
Poicephalus meyeri (Cretzschmar 1827)

Gesamtlänge: je nach Unterart 21 - 25 cm
Gewicht: je nach Unterart 98 - 165 g
Geschlechtsunterschiede: Männchen und Weibchen sind gleich gefärbt
Gelegegröße: 3 - 4 Eier
Brutdauer: 27 Tage
Nestlingszeit: 57 - 70 Tage
Gesetzesstatus: WA II / B (Artenschutzring; Meldepflicht und Herkunftsnachweis)

Beschreibung

Kopf, Oberseite und obere Brust sind aschgraubraun. Ein gelbes Stirn- und Scheitelband ist in Form und Ausdehnung variabel. Unterseite und Unterrücken sind blaugrün, Flügelbug, Flügelsaum, Schenkel und Unterflügeldecken gelb, der Schwanz ist braun, der Schnabel dunkelgrau, die Iris orangerot, die Füße sind grauschwarz. – Jungvögel sind in allen Gefiederteilen zunächst matter und grünlichbraun gefärbt. Die gelbe Färbung an Stirn, Scheitel, Flügelbug und Unterflügeldecken fehlt noch oder ist stark reduziert.

Goldbugpapagei

Verbreitungskarte

Systematik und Unterarten

Der Goldbugpapagei wird innerhalb der Langflügelpapageien-Gattung zur *Poicephalus-meyeri*-Superspezies gerechnet, zu der auch der Mohrenkopf-, Rotbauch-, Braunkopf-, Niam-Niam- und Rüppells Papagei gehören.

Die Unterartenaufteilung des Goldbugpapageien ist nicht unumstritten. Da er ein riesiges Verbreitungsgebiet mit einer Längsausdehnung von rund 4.400 km und darin sehr unterschiedliche Lebensräume in verschiedenen Höhenlagen bewohnt, sind diverse Farbvarietäten entstanden, deren Status bislang nicht genau geklärt ist. Üblicherweise werden heute noch sechs Unterarten anerkannt, die sich im Wesentlichen durch die Intensität der Braun- und Grünfärbung des Körpers, die blaue Unterrücken- und Oberschwanzdeckenfärbung und die Ausdehnung bzw. das Vorhandensein der gelben Scheitelfärbung unterscheiden. Die genaue Unterartenbestimmung nur anhand von Färbungsmerkmalen bereitet wegen der Färbungsvariabilität der Vögel selbst Experten oft Schwierigkeiten.

1. *Poicephalus meyeri meyeri* (Cretzschmar 1827) – Goldbugpapagei (auch Meyers Papagei): West-Äthiopien, Süd-Tschad, Ostteil der Zentralafrikanischen Republik, Norden der Demokratischen Republik Kongo und Nordost-Kamerun. Die Nominatform hat eine Größe von ca. 21 cm.

2. *Poicephalus meyeri saturatus* (Sharpe 1901) – Uganda-Goldbugpapagei: Zentral- und West-Kenia, Uganda, Ruanda, Burundi bis Nordwest-Tanzania. Diese Unterart unterscheidet sich hauptsächlich durch die intensivere Gesamtgefiederfärbung mit ausgeprägterem gelbem Stirnband und gelben Stirnflecken von der Nominatform (Juniper & Parr 1998). Das Bauchgefieder variiert von Grün bis Türkisgrün, der Unterrücken und die Oberschwanzdecken sind hellblau. Mit 22 cm durchschnittlich etwas größer.
3. *Poicephalus meyeri matschiei* Neumann 1898 – Ostafrikanischer Goldbugpapagei: West- und Zentral-Tansania, Nord-Malawi und Sambia, Nordwest-Mosambik und Ost-Angola. Das Bauchgefieder variiert von Türkisgrün bis Hellblau, der Unterrücken und die Oberschwanzdecken sind kräftig hellblau. Mit 22 cm etwas größer als die Nominatform.
4. *Poicephalus meyeri reichenowi* Neumann 1898 – Angola-Goldbugpapagei: Zentral- und Nord-Angola mit der angrenzenden Gebieten der Demokratischen Republik Kongo. Dieser Unterart fehlt die gelbe Kopfzeichnung. Das Kopfgefieder ist dunkler und mehr schwärzlich als das der Nominatform. Das Bauchgefieder variiert von Türkisgrün bis Hellblau, der Unterrücken und die Oberschwanzdecken sind hellblau bis blau. Mit 25 cm durchschnittlich größer als die Nominatform.
5. *Poicephalus meyeri damarensis* Neumann 1898 – Damaraland-Goldbugpapagei: Nord- und Zentral-Namibia nördlich bis Süd-Angola und östlich bis Südwest-Botswana. Auch dieser Unterart fehlt die gelbe Kopfzeichnung. Das Kopfgefieder, der Rücken und die Flügeldecken sind blasser als die der Nominatform. Das Bauchgefieder ist türkisgrün, der Unterrücken und die Oberschwanzdecken sind hellblau. Mit 22 cm durchschnittlich etwas größer als die Nominatform.
6. *Poicephalus meyeri transvaalensis* Neumann 1899 – Südafrikanischer Goldbugpapagei: Nord- und Zentral-Mosambik westlich bis Nordost-Botswana und südlich bis Transvaal. Eine isolierte Population in der Kapprovinz gilt inzwischen als erloschen. Diese Unterart unterscheidet sich hauptsächlich durch die blassere Gesamtgefiederfärbung von der Nominatform. Das gelbe Stirnband und die gelben Stirnflecken sind vorhanden. Das Bauchgefieder variiert von Türkisgrün bis Hellblau, der Unterrücken und die Oberschwanzde-

links: Damaraland-Goldbugpapagei (Poicephalus meyeri damarensis) – die gelben Scheitelfedern fehlen bei dieser Unterart.

Angola-Goldbugpapagei

Poicephalus meyeri reichenowi – dies ist mit 25 cm die größte aller Unterarten; auch ihr fehlen in der Regel die gelben Scheitelfedern.

Goldbugpapagei

Goldbugpapagei (*Poicephalus meyeri meyeri*) mit blasser Kopf- und blaugrüner Bauchfärbung.

Uganda-Goldbugpapagei (*Poicephalus meyeri saturatus*) mit dunklerem Gefieder als *meyeri*.

cken sind grünlich-hellblau. Mit 22 cm durchschnittlich etwas größer als die Nominatform.

Die häufigsten Unterarten in Menschenobhut sind Vögel von *meyeri*, *matchiei* sowie *saturatus*. Von der Subspezies *saturatus* sind im Zeitraum von 1984 bis 2011 allein 5.666 Individuen aus Tanzania legal nach Deutschland gelangt.

Verbreitung und Freileben

Der Goldbugpapagei ist in Zentral- und Ostafrika großräumig verbreitet. Sein Verbreitungsgebiet reicht von Nordost-Kamerun und dem südlichen Tschad im Norden südlich bis Transvaal in Südafrika, Namibia im Westen und West-Mozambique im Osten. Es erreicht eine Nord-Süd-Ausdehnung von etwa 4.400 km und eine Ost-West-Ausdehnung von rund 2.400 km (Hoppe 2000). Im Hinblick auf die Vertikalverbreitung zeigt sich, dass Goldbugpapageien zwar bevorzugt im Tiefland verbreitet sind, aber zum Beispiel in Simbabwe, Äthiopien und in den äquatorialen Gebieten auch Höhenlagen bis 1.250 m und darüber hinaus bis 2.200 m besiedeln (Juniper & Parr 1998).

Über sein Freileben ist bislang immer noch wenig bekannt. Eine lesenswerte Zusammenfassung des Kenntnisstandes hat Hoppe (2000) vor einigen Jahren veröffentlicht, sodass die folgenden Stichworte an dieser Stelle genügen mögen: Mittlerweile weiß man, dass die Art ökologisch weitaus flexibler ist, als man früher dachte (vgl. Mackworth-Pread & Grant 1962). Die Vögel besiedeln sehr unterschiedliche Lebensräume – sie meiden eigentlich nur geschlossene Feuchtwälder, Halbwüsten und Wüsten, bevorzugen hingegen trockene Gebiete, vor allem Gras- und Buschsavannen, offene Wälder und Galeriewälder, meist in der Nähe von Flussläufen. In Paaren, Familienverbänden und – je nach Nahrungsangebot – auch in Gruppen bis zu 30 Vögeln durchstreifen sie außerhalb der Brutzeit ihren

Ostafrikanischer Goldbugpapagei (Poicephalus meyeri matschiei) mit kräftiger Blaufärbung.

Südafrikanischer Goldbugpapagei (Poicephalus meyeri transvaalensis) mit blasser Kopffärbung.

Lebensraum nach Nahrung. Sie erreichen teilweise eine hohe Fluggeschwindigkeit und halten in Flugformationen eng zusammen. Vermutlich dienen die auffällige Färbung von Flügelbug und Unterflügeldecken sowie die markanten Rufe als Kommunikationsmittel während des Fluges.

Ihre Hauptnahrung besteht aus Feigen, harten Samen und Nüssen. Es sind mittlerweile diverse Nahrungspflanzen bekannt, von denen Goldbugpapageien in den unterschiedlichen Lebensräumen ihre Nahrung gewinnen. Gelegentlich wird offenbar auch tierische Zusatznahrung konsumiert. – Zur Fortpflanzungszeit werden die Altvögel ungesellig, sondern sich von der Gruppe ab und besetzen ihre Brutreviere. Gebrütet wird – je nach Verbreitungsgebiet – zu allen Jahreszeiten mit einem gewissen Schwerpunkt von März bis September in den äquatorialen und südlichen Verbreitungsgebieten und von Oktober bis Februar in den nördlichen Gebieten (vgl. Hoppe 2000 und Zimmerman et al. 1996).

Status im Freiland und in Menschenobhut

Der Status des Goldbugpapageien ist nicht genau zu bestimmen, zumal die Vögel in manchen Gebieten in Trockenperioden nomadisch leben, in anderen resident vorkommen, aber lokale Wanderungen unternehmen. Aus einigen Gebieten, z.B. Transvaal in Südafrika, werden Rückgänge der Populationen gemeldet, die in der Regel auf Habitat-Zerstörungen zurückgeführt werden (Juniper & Parr 1998). Insgesamt gilt die Art jedoch als häufig und wird demzufolge von der IUCN gegenwärtig noch keiner Bedrohungskategorie zugeordnet („least concern"). Besondere Schutzmaßnahmen werden somit derzeit nicht gefordert – abgesehen von der Empfehlung vorsorglicher Freilandstudien zur Klärung ökologischer Parameter (Lambert et al. 1992, vgl. Wilkinson 1998-1999). Solche grundlegenden Studien sind mittlerweile durch das „Research Centre for African Parrot Conservation" in Natal, Pietermaritzburg in Südafrika,

Zwei junge Südafrikanische Goldbugpapageien

betteln einen Altvogel um Futter an.

eingeleitet worden – vor allem durch Steve Boyes (Boyes 2008, Boyes & Perrin 2009, 2010).

Das Importgeschehen für die BRD ist über die veröffentlichten Jahresstatistiken des Bundesministeriums für Umwelt, Naturschutz und Reaktorsicherheit nachvollziehbar. Demnach wurden zwischen 1984 und 1996 insgesamt 5813 Goldbugpapageien legal in den bundesdeutschen Handel gebracht, durchschnittlich also 447 Vögel im Jahr mit der Höchstquote von 886 Exemplaren im Jahre 1990 und der niedrigsten Quote von sieben Exemplaren im Jahre 1996. Ab 1997 sind in dieser Statistik keine differenzierten Importzahlen für die einzelnen Papageienarten mehr angegeben, sondern nur noch Gesamtwerte, und seit 2007 wurden die Importe vollständig ausgesetzt. Aus diesen Wildfängen rekrutieren sich somit die heutige Bestände von Goldbugpapageien in der BRD. – Neueren Erhebungen zufolge hielten 2012 nur noch drei deutsche Zoos bzw. Vogelparks Goldbugpapageien (zootierliste.de, Zugriff am 23.7.2012), während zum Vergleich im *Poicephalus*-Zuchtbuch der VZE zum Jahresende 2012 bereits 482 Tiere in sechs Unterarten erfasst waren. Die Zuchstatistiken der AZ listen für den Zeitraum 2005 bis 2007 durchschnittlich 40, für 2008 bis 2011 im Durchschnitt 22 Jungvögel pro Jahr auf, wobei die wirkliche Zahl deutlich höher liegen dürfte als die der gemeldeten Vögel. – Zusammenfassend lässt sich feststellen, dass derzeit ein respektabler Stamm an Goldbugpapageien – zumindest in der BRD – existiert, der sicherlich weit mehr als 100 (Zucht-)Paare umfasst.

Bisherige Bruterfolge in Menschenobhut

Die erste dokumentierte Zucht des Goldbugpapageis gelang – als europäische Erstzucht – 1966 dem Engländer D. Jones, nachdem 1964 und 1965 zwei Bruten gescheitert waren (Jones 1968). Weitere Zuchten in den Jahren 1967 und 1971 wurden ebenfalls aus England (Greenway 1967, Franklin 1972) gemeldet. Die erste Zucht in den USA glückte 1971 bei W. S. Hawkins (Hawkins 1972), in der Schweiz gelang 1977 bei P. Trump die Erstzucht (Trump 1978), in der BRD 1975 bei H. Hülso (Hülso 1976) und in der damaligen DDR 1980 gleichzeitig bei M. Gründig (Gründig 1981) und R. Linke (Linke 1981). Seither wird der Goldbugpapagei in diversen privaten Zuchtanlagen, zoologischen Gärten und Vogelparks mehr oder weniger regelmäßig gezüchtet, und in Fachzeitschriften wird über die Zuchterfahrungen berichtet (z.B. Pfeffer 1994, Siegfried 1997, Anton 1998).

Nach den letzten vier Jahresstatistiken der AZ wurden 2008 bis 2011 von den Mitgliedern 8, 12, 14 und 9 Zuchtpaare mit 15, 21, 33 und 20 Jungvögeln (im Jahresdurchschnitt also 22 Jungvögel) gemeldet, was einem Bruterfolg von etwa zwei Jungvögeln pro Paar und Jahr entspricht. Die Meldungen stammen von nur 10 bis 14 % aller Mitglieder, so dass davon auszugehen ist, dass die wirkliche Zahl der Jungvögel weitaus höher liegt, zumal nicht alle Züchter Mitglieder der AZ oder anderer Vogelhaltervereinigungen sind.

Haltungserfahrungen der Verfasser

Die Zuchtversuche in der Anlage eines der Verfasser (vgl. Lantermann 2003) begannen im Jahre 2000 mit einem ersten Paar Goldbugpapageien der Nominatform. Dieses Paar vertrug sich auf Anhieb und begann sein Brutgeschäft im Dezember 2000 mit der Ablage eines unbefruchteten Vierergeleges. Im Februar 2001 folgte ein weiteres unbefruchtetes Vierergelege. Im September legten die Vögel erneut, diesmal ein Dreiergelege, von dem zwei Eier befruchtet waren. Mitte Oktober schlüpften daraus zwei Jungvögel, die aber nicht gefüttert wurden und zusammen mit dem unbefruchteten Ei tot aus dem Nistkasten geborgen wurden. Im Dezember 2001 entflog das Männchen durch Unachtsamkeit der Urlaubsvertretung beim Füttern und konnte auch nicht wieder eingefangen werden. Damit war dieser erfolgreiche Ansatz zum Erliegen gekommen. Die Maße der unbefruchteten Eier betrugen 26,9 – 29,6 mm x 22,6 – 24,3 mm bei einem Durchschnitt von 27,8 × 23,4 mm (n = 9).

Bei der Suche nach einem neuen Männchen wurde bei einem privaten Züchter ein großer starker Vogel der Unterart *saturatus* ausfindig gemacht. Er wurde vorübergehend mit dem „verwitweten" Weibchen vergesellschaftet. In der Zwischenzeit wurde nach weiteren Goldbugpapageien Ausschau gehalten, um die Vögel auf Dauer unterartenrein verpaaren zu können. Es fanden sich zunächst aber nur zwei Weibchen, eines der Nominatform, das andere der gesuchten Unterart *saturatus* angehörig. Das neue Männchen hatte nie besonders gut mit dem verbliebenen Weibchen harmoniert. Als nun die beiden neuen Weibchen in die Nachbarvoliere gesetzt wurden, nahm es sofort Kontakte zu dem *saturatus*-Weibchen auf. Damit fiel die Entscheidung leicht, das vorläufige Paar zu trennen und eine Neuverpaarung der beiden *saturatus*-Vögel herbeizuführen. Die Harmonie beider Vögel war von Anfang an offensichtlich: Sie saßen eng zusammen, betrieben soziale Gefiederpflege und inspizierten bereits nach wenigen Tagen den bereitgestellten Nistkasten. – Die beiden verbliebenen Weibchen wurden für kurze Zeit miteinander vergesellschaftet, bis sich bald darauf im Tausch ein neues Männchen der Nominatform fand.

Das Paar der Unterart *saturatus* hatte bereits am 25. Februar 2002 sein erstes Ei. Das Weibchen hatte einige Stunden zuvor leichte Anzeichen von Legenot gezeigt und aufgeplustert in der Voliere gesessen. Zwei weitere Eier folgten aber problemlos: Eines wurde am 27. Februar in den Nistkasten gelegt, ein drittes zwei Tage später von der Sitzstange auf den Boden, wo es zerbrach und unbeachtet blieb.

Lebensraum der Goldbugpapageien

in Sambia.

Am 24. März 2002 schlüpfte der erste und einzige Jungvogel, dessen Existenz sich durch ganz feine, kaum hörbare Bettelgeräusche offenbarte. Erst am 22. April, der Jungvogel war 29 Tage alt, wurde eine Nistkastenkontrolle vorgenommen, bei der sich dann bestätigte, dass es sich um nur ein Junges handelte. Zur Kontrolle der Entwicklung des Jungen wurde am 30. April (37 Tage alt), am 8. Mai (45 Tage alt) und am 17. Mai (54 Tage alt) noch einmal in den Nistkasten geschaut. Fast immer blieben beide Altvögel bei den Kontrollen in der Nisthöhle, so dass es nicht einfach war, vom jeweiligen Entwicklungsstand auch Fotos herzustellen. Demnach war das Junge im Alter von 29 Tagen dicht grauweiß bedunt und hatte die Augen vollständig geöffnet. Am 37. Lebenstag waren die Flügel weitgehend befiedert, die blauen Oberschwanz-

Jungvogel

der Unterart P. meyeri matschiei im Alter von 45 Tagen.

decken waren wenige Millimeter lang und die ersten Deckfedern auf dem Rücken zeichneten sich ab. Am 45. Tag war das Junge auch am übrigen Körper weitgehend befiedert, der gelbe Flügelbug war ausgebildet, die Flügelspitzen und Schwanzfedern hatten aber noch nicht ihre endgültige Länge erreicht. Am 20. Mai verließ das Junge im Alter von 57 Tagen den Nistkasten. Es war vollständig befiedert, glatt, agil, offenbar kerngesund und wenig scheu – ganz im Gegensatz zu anderen Langflügelpapageien-Jungen, die bereits kurz nach dem Ausfliegen äußerst scheu und hektisch durch die Voliere fliegen und sich dabei nicht selten auch Genickbrüche zuziehen (vgl. Anton 1998). – Die Nestlingszeit scheint – obwohl das Junge als Einzelvogel herangewachsen ist und damit eine längere Nestlingszeit zu erwarten gewesen wäre – durchaus im normalen Bereich zu liegen. Gründig (1981) gibt 58 Tage, Greenway (1967) 8 Wochen als Nestlingszeit an. Auch ist die Aufzucht von nur einem Jungen bei Erstbrütern durchaus nicht ungewöhnlich.

Auffallend waren seine kleinen dunklen Knopfaugen mit bräunlicher Iris, die von einem hellen Augenring umgeben waren und dadurch größer wirkten, die insgesamt kleinere Statur, der gegenüber den Altvögeln verhältnismäßig kleine Kopf und die auffällige, von grünbraunen Federchen durchsetzte Gelbfärbung des Flügelbugs, die am Kopf zunächst vollständig fehlte.

Nach dem Ausfliegen verbrachte das Junge jede Nacht und viele Stunden des Tages in der Nisthöhle – vielfach auch zusammen mit beiden Altvögeln. Letztere verschwanden fast bei jeder Störung darin, z.B. bei der täglichen Fütterung. Bereits einen Tag nach dem Ausfliegen zeigte sich das Jungtier äußerst bewegungsgewandt. Es wurde z.B. dabei beobachtet, wie es an einem Fuß vor dem Nistkasten hangelte. – Mitte Oktober 2002 wurde der Nistkasten entfernt, so dass die Tiere keine direkte Rückzugsmöglichkeit mehr hatten und gezwungen waren, sich an die Anwesenheit eines Pflegers beim Füttern und Säubern zu gewöhnen.

Im Alter von knapp 8 Monaten zeigten sich bei dem Jungen erste blassgelbe Federchen am Kopf, die von der Stirn bis zum Scheitel reichten und darauf hindeuteten, dass sich dort mit der Zeit eine ausgeprägte gelbe Kopfplatte entwickeln würde. Die bei den Altvögeln einheitlich graubraun gefärbten Flügeldeckfedern sowie die Arm- und Handschwingen waren beim Jungvogel etwas heller braun und mit grünen Rändern gesäumt. Seine Füße waren deutlich heller gefärbt.

Im Alter von 15 Monaten hatte der Jungvogel in etwa die Statur und Größe seiner Eltern. Er wies einen recht massigen Kopf auf (die spätere Geschlechtsbestimmung ergab, dass es sich um ein Männchen handelte), Stirn und Scheitel zierte ein ausgeprägter gelber Gefiederfleck, der unmittelbar am Schnabelansatz begann. Von den Altvögeln unterschied ihn jetzt nur noch die verbliebene Grünsäumung der Hand- und Armschwingen sowie die hellere Iris, die sich wenig später in ein blasses Rotbraun zu verwandeln begann.

Der Jungvogel wurde erst Mitte Januar 2003 von den Altvögeln getrennt, die ab Februar wieder ihren Brutkasten bezogen. Das Weibchen blieb beinahe Tag und Nacht darin und kam nur zur Nahrungsaufnahme heraus. Dennoch kam es in der Folge nicht zu einer Anschlussbrut.

Rüppells Papagei
Poicephalus rueppellii (Gray 1849)

Gesamtlänge: etwa 22 cm
Gewicht: 105 - 132 g
Geschlechtsunterschiede: Männchen und Weibchen sind unterschiedlich gefärbt
Gelegegröße: 3 - 5 Eier
Brutdauer: 27 - 28 Tage
Nestlingszeit: 56 - 60 Tage (Menschenobhut)
Gesetzesstatus: WA II / B (Artenschutzring; Meldepflicht und Herkunftsnachweis)

Systematik und Unterarten

Bei dem Rüppells Papagei handelt es sich um eine monotypische Art, die in einer engen verwandtschaftlichen Beziehung zum Goldbugpapagei steht. Diese Papageienart wird innerhalb der *Poicephalus*-Gattung zur *Poicephalus-meyeri*-Superspezies gerechnet. Der Rüppells Papagei ähnelt dem Goldbugpapagei in der Gefiederfärbung. Dieser weist allerdings keinen so eindeutigen Geschlechtdimorphismus wie der Rüppells Papagei auf.

Poicephalus rueppellii (Gray 1849) – Rüppells Papagei: Südwestlicher Landesteil von Angola, Nord- und Zentralnamibia.

Beschreibung

Die Grundgefiederfärbung ist düster schwarzbraun; die Kopfseiten erscheinen matter. Auch die Färbung von Kehle, Brust und oberer Bauchregion erscheint nicht so dunkel. Die Federn besitzen silbergraue Säumungen. Der Unterrücken und auch der untere Bauch sind dunkelgrau gefärbt, mitunter mit einem blauen Anflug. Die Unterschwanzdecken sind hellgrau und besitzen manchmal ebenfalls einen bläulichen Schimmer. Die unteren Schenkel sind gelb. Leuchtend zitronengelb sind Flügelbug, Flügelrand und die Unterflügeldecken gefärbt. Diese gelben Färbungen sind in ihrer Ausdehnung variabel. Die Weibchen sind wie die Männchen gefärbt, nur der Unterrücken und die Oberschwanzdecken sind leuchtend blau. Die Unterschwanzdecken erscheinen in einem matteren Blau. Gesamtlänge ca. 23 cm.

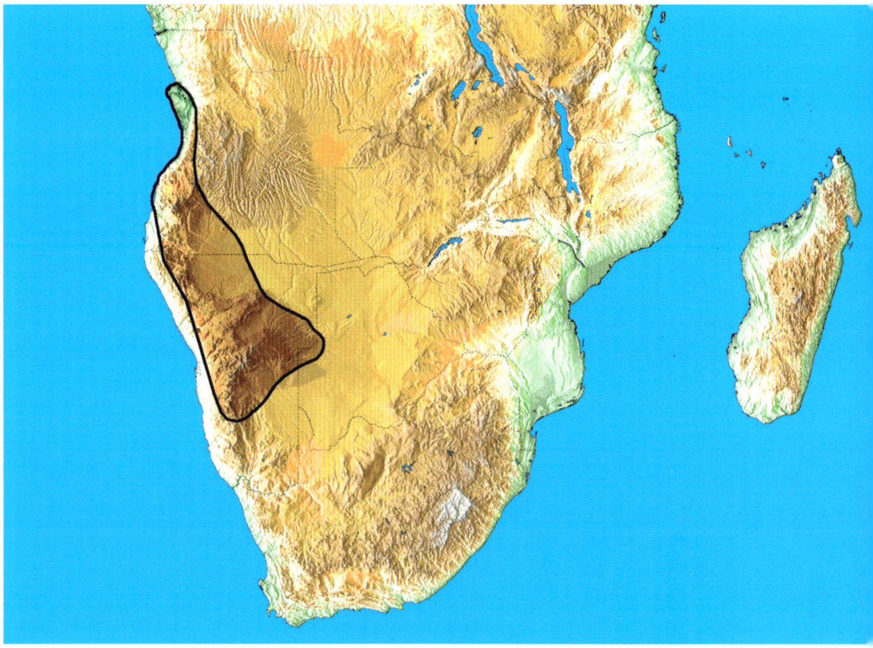

Rüppells Papagei

Verbreitungskarte.

Verbreitung und Freileben

Das Verbreitungsgebiet dieser Papageien erstreckt sich von Luanda, der Hauptstadt Angolas, über den südwestlichen Teil dieses Staates über Nord- bis nach Zentral-Namibia. In Zentral-Namibia reicht das Verbreitungsareal östlich bis zur Staatsgrenze von Botswana. Das Verbreitungsgebiet dieser Art erstreckt sich nach Angaben von BirdLife International über eine Fläche von insgesamt 598.000 km². Hier kommen sie in Höhenlagen bis zu 1.500 m ü. NN vor.

Rüppells Papageien bewohnen halbwüstenartige Gebiete, Dornbuschsavannen, und sie werden auch in trockenen Waldgebieten ansässig. Häufig findet man einzelne Individuen auch in Uferwaldregionen an Flussläufen oder ausgetrockneten Flussbetten. Sie sind paarweise oder auch in

kleineren Gruppen anzutreffen; in ihrer Heimat erweisen sie sich als relativ scheue Vögel, die immer eine ausreichend große Distanz zum Menschen halten.

Rüppells Papageien übernachten auf hohen Schlafbäumen. Kurz nach der Morgendämmerung verlassen sie die Schlafplätze und fliegen zunächst zu einer Wasserstelle, um dort ihren Durst zu stillen. Anschließend begeben sich die Vögel auf Nahrungssuche. Geeignetes Futter finden Rüppells Papageien in den Baumkronen; sie sind oft in Akazien anzutreffen. Sie verzehren vornehmlich Samen verschiedener Art, aber auch Blüten, Knospen, Schösslinge, Nektar, sowie Insekten und ihren Larven. Des Weiteren werden Beeren und Früchte, wie beispielsweise wilde Feigen, gefressen, und mitunter richten Rüppells Papageien auf Agrarflächen Schäden an. Sie wurden aber auch dabei beobachtet, wie sie die Borke von Bäumen zu sich nahmen.

Die Mittagszeit verbringen die Rüppells Papageien im Schatten der Bäume, wo sie sich der Gefiederpflege hingeben und eine ausgiebige Ruhepause einlegen. Sie sind in den Bäumen und Sträuchern schwer auszumachen. In den Baumkronen und auch auf trockenen Ästen verhalten sie sich äußerst still und bewegen sich kaum, so dass sie häufig übersehen werden. Am Nachmittag erfolgt dann erneut die bereits beschriebene Nahrungssuche und gegen Abend wird in der Regel noch einmal eine Wasserstelle aufgesucht, bevor sich die Vögel wieder zu ihren Schlafplätzen begeben.

Die Brutzeit der Rüppells Papageien kann örtlich variieren und lässt sich zeitlich nicht genau eingrenzen. Bereits im Februar wurden Gelege gefunden, aber auch Jungvögel im Juni und September gesichtet. Bruthöhlen wurden bislang in unterschiedlichen Baumarten festgestellt, es wurden aber hauptsächlich Höhlen in Akazien und Baobabs genutzt; meist handelt es sich dabei um verlassene Spechthöhlen. Die Höhleneingänge befinden sich oft nur wenige Meter über dem Erdboden.

links: Rüppells Papagei (Poicephalus rueppellii); den Männchen fehlt die blaue Unterrücken- und Schwanzdeckenfärbung

Rüppells Papagei

– ein Weibchen.

Rüppells Papagei

Rüppells Papagei

beim Besuch der Wasserstelle.

Möllenbach beobachtete im südlichen Angola, in den Monaten Juli und August, mehrmals Rüppells Papageien bei der Kopulation in den Morgenstunden. Die Paarung erfolgte nach einer gegenseitigen Gefiederpflege der Partner und der daran anschließenden Fütterung des Weibchens durch das Männchen immer auf stärkeren Ästen eines Baumes. Im Zeitraum von Juli bis August 1985 konnten 12 Bruthöhlen inspiziert werden, die Gelege und auch Jungvögel beinhalteten. Auf dem Höhlenboden lagen Holzspäne, die offensichtlich aus der Nagetätigkeit der Rüppells Papageien angefallen waren (vgl. Asmus 2006). Die Gelegegröße variiert zwischen 3 und 5 Eiern. Weitere Einzelheiten über die Brutbiologie der Art im Freiland sind nicht bekannt.

Status im Freiland und in Menschenobhut

Ende des vorigen Jahrhunderts wurde verschiedentlich über die Abnahme der Freilandpopulation bei Rüppells Papageien berichtet. Dennoch werden diese Vögel in ihrer afrikanischen Heimat gegenwärtig noch als häufig vorkommend und demzufolge in ihrem Bestand als „nicht gefährdet“ eingestuft.

Ursächlich für die erwähnten Bestandsrückgänge scheint insbesondere der illegale Fang der Vögel für den internationalen, aber auch nationalen Vogelmarkt zu sein. In Namibia sind Rüppells Papageien beliebte Käfigvögel, und auch in Angola werden Jungvögel aus den Nestern genommen, bis zur Selbständigkeit von Hand aufgezogen und später in Käfigen gehalten. Als Aufzuchtfutter verwenden die Einheimischen einen Brei, der sich aus grob gemahlenem Getreide und verschiedenen Früchten zusammensetzt (Asmus 2006). Immer noch zahlreich werden gefangene Rüppells Papageien aber außer Landes gebracht. In den USA oder auch Europa werden für diese Vögel gute Preise erzielt, so dass der illegale Fang der Papageien für Einheimische ein lukratives Geschäft darstellen kann. Im Jahr 2000 verließen aber auch noch 30 Rüppells Papageien mit offizieller Ausfuhrgenehmigung Namibia.

Habitatverluste scheinen sich nicht sonderlich auf die Bestände dieser Papageienart auszuwirken. Derzeit wird der Rüppells Papagei im Anhang II des Washingtoner Artenschutzübereinkommens gelistet.

In Menschenhand sind Rüppells Papageien nicht häufig. Im *Poicephalus*-Zuchtbuch der VZE waren Ende 2012 insgesamt 87 Individuen aufgeführt. Weitere Vögel existieren noch bei anderen Züchtern. Allerdings könnte sich bei dieser Art in Menschenobhut die genetische Variabilität besorgniserregend entwickeln, denn die Bestände gehen auf nur wenige Importvögel zurück, die in den letzten Jahrzehnten des vorigen Jahrhunderts Europa erreichten. Laut Statistik des Bundesministeriums für Umwelt, Naturschutz und Reaktorsicherheit kam es im Zeitraum von 1996 bis 2011 zu insgesamt 54 legal importierten Vögeln, wobei es sich ausschließlich um Nachzuchten von Gefangenschaftsvögeln aus Südafrika, den Philippinen und der Schweiz handelte.

In den zoologischen Einrichtungen Europas werden Rüppells Papageien selten gepflegt. In Deutschland sind derzeit zwei Einrichtungen bekannt, die sie pflegen, und es sind gerade einmal fünf weitere Zoos in anderen Ländern Europas (www.zootierliste.de). Laut AZ-Nachzuchtstatistik der Jahre 2000 bis 2012 wurden über diesen Zeitraum insgesamt 170 Exemplare nachgezogen.

Bisherige Bruterfolge in Menschenobhut

Die Ersteinfuhr der Rüppells Papageien nach Europa erfolgte im Jahr 1882 in den Zoo London. Danach war die Art für längere Zeit nicht oder nur äußerst selten auf dem europäischen Vogelmarkt vertreten, und es kam erst wieder Mitte der 60er Jahre des letzten Jahrhunderts zu zahlenmäßig geringen Einfuhren nach Europa. Rüppells Papageien sind nur gelegentlich in den Zuchtanlagen anzutreffen. Insbesondere in Deutschland gehen die dort vorhandenen Exemplare allerdings auf nur wenige Ausgangspaare zurück. Die Vermehrung der Rüppells Papageien gelingt nicht immer auf Anhieb, und oft erfordert es sehr viel Geduld von dem Besitzer dieser Vögel, bis diese erstmals erfolgreich zur Fortpflanzung schreiten.

Zum Lebensraum der Rüppells Papageien

in Namibia zählen auch die trockenen Dornbuschsavannen.

Die Welterstzucht gelang im Jahr 1961 im Zoologischen Garten von Bloomfontein, Südafrika. Für Deutschland wird die Erstzucht im Jahr 1978 vermutet (de Grahl 1990); sie wurde von dem betreffenden Züchter aber nie publiziert und ist auch nur zufällig bekannt geworden.

Zuchterfolge mit erfahrenen Zuchtpaaren gelingen wiederholt und scheinbar ohne Probleme. So ist in der Vergangenheit von erfolgreichen Zuchten in Busch Gardens, Tampa in den USA, und bei R. Gale in Großbritannien berich-

Rüppells Papageien

– ein Paar im direkten Vergleich: links das Männchen, rechts das Weibchen.

tet worden. Detaillierte Informationen über die Vermehrung der Rüppells Papageien in Menschenhand wurden erst über das Schweizer Ehepaar Passett bekannt, denen im Jahr 1981 die Schweizer Erstzucht gelang (Passett & Passett 1981). Zur Brutzeit wurden jedoch keine Angaben gemacht, da auf Nistkastenkontrollen weitestgehend verzichtet wurde. Die Nestlingszeit gaben die Autoren mit 56 bis 60 Tagen an und die Zeit vom Ausfliegen bis zur Selbständigkeit mit weiteren vier Wochen. Zwei Jungvögel dieser Schweizer Erstzucht wurden von den Elterntieren aufgezogen, der dritte Jungvogel musste zur Handaufzucht entnommen werden, da sich die Eltern nach dem Ausfliegen der beiden älteren Jungen nicht mehr in die Bruthöhle begaben.

Im Magazin der Parrot Society von Großbritannien berichtet der britische Züchter A. F. Manning im Jahr 1982 über seinen Zuchterfolg mit einem Paar Rüppells Papageien. Aus einem Dreiergelege kam es zum Schlupf von zwei Jungvögeln.

Erstaunlich ist in diesem Bericht die Mitteilung über die Aufnahme von Lebendfutter durch die Elterntiere direkt nach dem Schlupf der beiden Küken. So wurden Mücken und Blattläuse verzehrt sowie angebotene Mehlwürmer. Auch einem weiteren britischen Ehepaar gelang die erfolgreiche Zucht dieser Papageienart mit Nachkommen von Volierenvögeln aus Südafrika (Moat 1996). Eine bemerkenswerte Mitteilung kam von dem französischen Züchter Patrick Kriebs (Kriebs 1998). Er erhielt ein Paar dieser Spezies aus einer südafrikanischen Zuchtanlage. Nach dem Bezug ihrer neuen Unterkunft dauerte es lediglich eine Stunde, bis der Züchter eine erste Kopulation seiner Vögeln beobachten konnte, und etwa zwei Monate später begann das Weibchen ein Dreiergelege zu bebrüten, aus dem schließlich auch drei Jungvögel schlüpften und durch die Eltern problemlos aufgezogen wurden. Weitere Erfolge konnten mit dem gleichen Paar in den nächsten Monaten erzielt werden; so sind über einen Zeitraum von nur einem Jahr zehn Rüppells Papageien aufgezogen worden, allerdings drei Junge in der Handaufzucht.

Auch der deutsche Züchter Hubertus Kümpel berichtete über eine erfolgreiche Aufzucht von vier jungen Rüppells Papageien (Kümpel 2002) und Rudolf K. Wagner (2001b) über seine langjährigen Erfahrungen, aus denen ebenfalls mehrere Jungvögel hervorgegangen sind. Im Jahr 2011 kam es nach langjähriger Pause auch im Loro Parque (Spanien) wieder zu einem Zuchterfolg, nachdem die alten Paare getrennt und neu verpaart worden waren. Ein fast 20-jähriges Paar zog dort nach der Neuverpaarung erfolgreich drei Jungvögel auf.

Haltungserfahrungen der Verfasser

Eigene Erfahrungen konnte einer der Verfasser (J. Asmus) in den Jahren 2004 bis 2008 mit Rüppells Papageien sammeln. Im Januar 2005 schritt ein zu diesem Zeitpunkt vierjähriges Paar erstmals zur Brut. Untergebracht waren die Vögel in einem Schutzhaus mit daran angeschlossener Außenvoliere. Das Schutzhaus hatte eine Grundfläche von 2 m Länge, 2 m Breite und 2,3 m Höhe; die Außenvoliere maß 6 m Länge, 2 m Breite und 2 m Höhe. Im Grunde unterschied sich diese Unterkunft nicht sonderlich von den sonst überall üblichen Haltungsvarianten. Es gab jedoch einen kleinen Unterschied. Sehr oft wird berichtet, dass bei afrikanischen Papageien die Vermehrung leichter in dunkleren Unterkünften gelänge, eine Behauptung, die der Verfasser mit seinen persönlichen Erfahrungen bei der Zucht von Braunkopfpapageien durchaus bestätigen kann. Deshalb wurde auch als Unterkunft für das Paar Rüppells Papageien eine Voliere am Rande der Zuchtanlage direkt unter einer alten Eiche ausgesucht. Der Baum beeinflusste den natürlichen Lichteinfall im Schutzhaus insbesondere in den Sommermonaten erheblich, da das dichte Laub für eine große Schattenbildung sorgte. Glasbausteine ließen aber auch im Winter weniger Licht einfallen, als es bei handelsüblichen Fenstern sonst üblich ist. Somit war diese Voliere im Schutzhaus generell etwas dunkler als die Nachbarvolieren. Erwärmt wurde das Schutzhaus in der kalten Jahreszeit auf durchschnittlich 10 °C.

Am 24., 26. und 29. Januar 2005 wurde jeweils ein Ei gelegt, von denen sich später zwei als befruchtet herausstellten. Als Nisthöhle wurde eine Naturstammnisthöhle mit einem Innendurchmesser von 25 cm und einer Höhe von 50 cm ausgewählt. Nur das Weibchen brütete. Sobald sich der Pfleger im Wärtergang der Zuchtanlage befand, verließ das brütende Weibchen die Nisthöhle und begab sich in die Außenvoliere, so dass Nisthöhlenkontrollen bei diesem Paar keine Schwierigkeiten bereiteten. Nachdem die Fütterungs- und Reinigungsarbeiten abgeschlossen waren, musste das Weibchen sofort wieder von der Außenvoliere in das Schutzhaus getrieben werden, um ein Abkühlen des Geleges zu verhindern. Am 21. beziehungsweise 23. Februar 2005 schlüpften schließlich zwei junge Rüppells Papageien, die anfangs allein vom Weibchen mit Nahrung versorgt wurden. Im Alter von etwa 14 Tagen öffneten sich die Augen, zwei Tage später konnten die Jungvögel bereits mit einem geschlossenen Fußring gekennzeichnet werden. Im Alter von 55 Tagen wurde der ältere der beiden außerhalb der Nisthöhle gesehen; drei Tage später folgte dann auch der jüngere. Die Selbständigkeit erreichten die Vögel schließlich 16 Tage nach dem Ausfliegen. Wenige Tage danach wurden die jungen Rüppells Papageien bereits von den Eltern getrennt, da sie von beiden Alttieren aus ihrer Nähe vertrieben und teilweise sogar verfolgt wurden.

Die Eltern hielten sich nach dem Herausnehmen ihres Nachwuchses zwar wieder für längere Zeit in der Nisthöhle auf und wiederholten somit das Monate zuvor gezeigte Verhalten, jedoch blieb ein weiterer Zuchterfolg mit diesem Paar Rüppells Papageien aus.

Ein Weibchen

am Nistkasteneingang.

Braunkopfpapagei
Poicephalus cryptoxanthus (Peters 1854)

Gesamtlänge: um 22 cm
Gewicht: 120 - 156 g
Geschlechtsunterschiede: Männchen und Weibchen sind gleich gefärbt
Gelegegröße: 2 - 3 Eier
Brutdauer: 26 - 28 Tage
Nestlingszeit: 55 - 65 Tage
Gesetzesstatus: WA II / B (Artenschutzring; Meldepflicht und Herkunftsnachweis)

Beschreibung

Braunkopfpapageien sind in beiden Geschlechtern gleich gefärbt. Ihre Grundgefiederfarbe ist grün, Kopf und Hals sind graubraun, wobei diese Färbung auf dem Oberrücken in Grün übergeht. Die Unterflügeldecken sind leuchtend gelb. Der Schnabel ist hell hornfarben, an der Oberschnabelspitze blaugrau, die Iris dunkelgelb, die Füße sind grau. Jungvögel ähneln den adulten Tieren, sind nur in allen Farben etwas matter.

Systematik und Unterarten

Der Braunkopfpapagei gehört zur *Poicephalus-meyeri*-Superspezies, die sechs nahe verwandte Arten (*P. meyeri*, *senegalus*, *crassus*, *rufiventris*, *rueppellii*, *cryptoxanthus*) umfasst, die in Aussehen, Größe und Verhalten sehr ähnlich sind (Forshaw 1989, Juniper & Parr 1998). Für die Art werden bis zu drei Unterarten (*cryptoxanthus*, *tanganyikae*, *zanzibaricus*) unterschieden (Bowen 1930, 1932, Clancey 1977, Forshaw 1989), wobei die neuere Literatur heute nur zwei Unterarten akzeptiert (Juniper & Parr 1998) oder die Art als monotypisch betrachtet (Zimmerman et al. 1996). Die früher auf den ostafrikanischen Inseln Sansibar und Pemba verbreitete Form, die man aufgrund größerer Körpermaße der Unterart *zanzibaricus* zuordnete, ist nach Clancey (1977) heute ausgestorben. Man rechnet die jetzt noch auf Pemba vorkommenden Braunkopfpapageien zur Unterart *tanganyikae* und nimmt an, dass es sich dabei um eingewanderte oder ausgesetzte Vögel von der Festlandpopulation handelt (Clancey 1977, Fry et al. 1988).

links: Tansania-Braunkopfpapagei (Poicephalus cryptoxanthus tanganyikae) – bei dieser Unterart ist die Braunfärbung auf den Kopf begrenzt und dehnt sich nicht auf den Oberrücken aus.

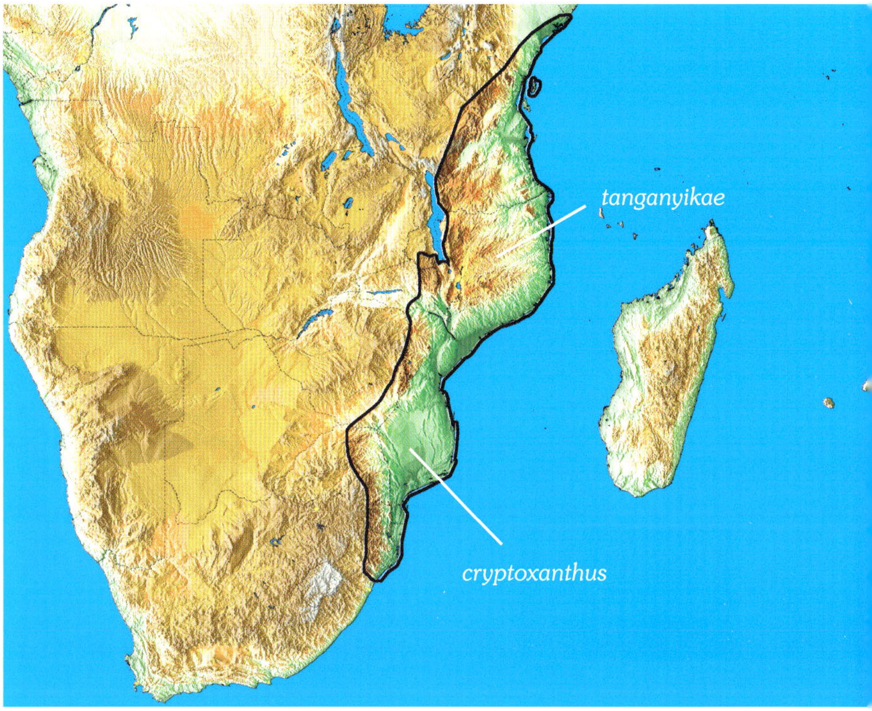

Braunkopfpapagei

Verbreitungskarte.

Diese taxonomischen Unsicherheiten deuten schon darauf hin, dass die geografisch bedingten Unterschiede der zwei Unterarten gering sind und eine Bestimmung nicht immer einfach ist.

1. *Poicephalus cryptoxanthus cryptoxanthus* (Peters 1854) – Braunkopfpapagei: Osten von Südafrika von Ost-Zululand, Ost-Swaziland und Ost-Transvaal bis Süd-Mozambik und Südost-Zimbabwe. Wahrscheinlich gibt es

Braunkopfpapagei (Poicephalus cryptoxanthus cryptoxanthus) mit auf den Oberrücken auslaufender Braunfärbung.

Tansania-Braunkopfpapagei (Poicephalus cryptoxanthus tanganyikae) mit blasserem Gefieder und deutlich abgegrenzter Braunfärbung.

eine Hybridzone in Nordost-Transvaal und Südost-Zimbabwe.

2. *Poicephalus cryptoxanthus tanganyikae* Bowen 1930 – Tansania-Braunkopfpapagei: Mozambik nördlich des Save River und Süd-Malawi nordwärts bis Ost-Tanzania (einschließlich Pemba, früher auch Sansibar) und zum äußersten Südosten Kenias (Juniper & Parr 1998). Diese Unterart unterscheidet sich von der Nominatform hauptsächlich durch eine blassere Gesamtfäbrung. Das Kopfgefieder ist bei vielen Exemplaren mehr olivbraun. Der Oberrücken zeigt eine intensivere Grünfärbung und eine klarere Abgrenzung gegenüber den braunen Gefiederpartien des Kopfes (Juniper & Parr 1998).

Verbreitung und Freileben

Das Verbreitungsgebiet erstreckt sich in einem breiten Streifen vom Nordosten Südafrikas (Swaziland, Zululand, Transvaal) über Südost-Zimbabwe, Mozambik und Süd-Malawi nordwärts bis Ost-Tanzania (einschließlich Pemba, früher auch Sansibar) und zum äußersten Südosten Kenias. Die größte Population scheint derzeit noch im südafrikanischen Krüger-Nationalpark vorzukommen (Wilkinson 1998-1999).

Da der Braunkopfpapagei ein recht großes Verbreitungsgebiet mit unterschiedlichen Lebensräumen bewohnt, sind seine Lebensgewohnheiten im Freiland nicht einheitlich zu beschreiben. In der Literatur sind demzufolge unterschiedliche Angaben über sein Verhalten, seine Nahrung und seine Brutgewohnheiten zu finden. Der Braunkopfpapagei kommt vor allem in savannen- und waldartigen Landstrichen und im trockenen küstennahen Busch- und Waldland vor. Seltener wird er auch an Flussufern, in Mangrovenwäldern und Kokosnussplantagen angetroffen (Zimmerman et al. 1996). Seine Vertikalver-

breitung liegt in der Regel unterhalb der 1200-m-Grenze.

Braunkopfpapageien leben in kleinen Gruppen bis zu 12 Vögeln; in Zeiten ausreichenden Nahrungsangebots schließen sich auch bis zu 50 Vögel zu kleinen Schwärmen zusammen. Manchmal sieht man Braunkopfpapageien gemeinsam mit Kap-Papageien (*Poicephalus robustus*) und Grüntauben (*Treron australis*). Die Nahrung umfasst vor allem Feigen, Beeren, die fetthaltigen Samen des Baobabs (*Adansonia digitata*), Blüten der Kokospalme und verschiedene andere Samen, darüber hinaus auch Mais und Getreide in den Anbaugebieten, wo der Braunkopfpapagei mancherorts als Ernteschädling verfolgt wird.

Die Brutzeit reicht auf dem Festland von April bis Oktober, auf der Insel Pemba von September bis Anfang Dezember. Die Braunkopfpapageien brüten in Baumhöhlungen, oft ausgedienten Spechthöhlen, in 5 bis 10 m über dem Boden. Das Gelege umfasst zwei bis drei weiße, rundliche Eier (Robiller 1997, Juniper & Parr 1998).

Status im Freiland und in Menschenobhut

Lange Zeit galten die Populationen des Braunkopfpapageis als stabil und insgesamt gesehen nicht als bedroht (Collar 1998). Mittlerweile wirken sich mancherorts aber die Fragmentierung und Vernichtung der Lebensräume sowie der Vogelhandel negativ auf die Bestände aus und führen zu lokalen Rückgängen. Taylor, der beste Kenner von Braunkopfpapageien im Freiland (Taylor & Perrin 2004, 2005, 2006 a, b, 2008 a, b), betrachtet die Art heute in Teilen ihres früheren Lebensraumes in Südafrika und Mosambik als ausgestorben. Lediglich die Population im Krüger-Nationalpark gilt als stabil (in Wilkinson 1998-1999, vgl. Lepperhoff 1997). Dennoch wird der Braunkopfpapagei derzeit nach den Kriterien der IUCN insgesamt noch als nicht gefährdet („least concern") eingestuft. Im internationalen Artenschutz wird er wie alle Langflügelpapageien im CITES-Anhang II/B geführt.

Die ersten Braunkopfpapageien in Europa wurden vermutlich 1870 im Londoner Zoo und 1914

Braunkopfpapageien

sind im Krüger-Nationalpark häufig anzutreffen.

Braunkopf-papageien

sind sehr ruhige Volierenvögel.

im Berliner Zoo gezeigt (Wagener & Lantermann 1990). Danach gelangten lange Zeit nur wenige und meist zufällig importierte Einzelexemplare in den Handel. In der BRD kam es erst ab Mitte der 1980er Jahre wieder zu kleineren Importen (s. u.). Somit war und ist der Braunkopfpapagei relativ selten in Menschenobhut anzutreffen – vermutlich aufgrund der geringen Nachfrage. Dies mag mit seinem schlichten Äußeren und seinem – bei Importvögeln – wenig zugänglichen Wesen zusammenhängen. Die Nachfrage ist heute etwas größer geworden, nachdem die Langflügelpapageien insgesamt mehr in den Blick der Papageienhalter gerückt sind. Der Braunkopfpapagei bleibt allerdings eine Art für spezialisierte Liebhaber und systematische Vogelpark- und Zookollektionen, die vermutlich nie in größerem Umfang nachgefragt werden dürfte – zumindest so lange nicht, wie die Art nicht als bedroht gilt oder nicht im CITES-Anhang I geführt wird.

Die genauen Exportzahlen für *P. cryptoxanthus* sind schwer zu ermitteln. Wilkinson (1998-1999) beziffert die legalen Ausfuhren aus Tansania im Jahre 1990 auf rund 500 Vögel, ab 1995 wurde die Handelsquote auf Null gesetzt und damit der legale Export gestoppt. Der Handelsumfang in Mosambik wird grob auf 2600 bis 5200 Vögel pro Jahr geschätzt, wobei sich die offizielle Exportquote für 1997 lediglich auf 200 Vögel belief (Wilkinson 1998-1999). In den USA – lange Zeit eines der Hauptimportländer für Papageien in der Welt – wurde der Handel mit wild gefangenen Papageien 1992 offiziell eingestellt. In der BRD spielt er mit Braunkopfpapageien – gemessen an den Importzahlen für andere Papageien (vor allem Mohrenkopfpapageien) – eine eher marginale Rolle. Die Zahlen der genehmigten Importe im Zwanzigjahreszeitraum von 1987 bis 2006 sind der Tabelle 7 zu entnehmen.

In Menschenobhut zählt der Braunkopfpapagei nicht zu den „Favoriten“ unter den Langflügelpapageien, wenngleich mittlerweile zumindest gelegentliche Zuchterfolge und ein leichter Erkenntniszuwachs zu verzeichnen sind. Das mag mit dem allgemeinen Trendwechsel zusammenhängen, wonach Langflügelpapageien inzwi-

Jahr	1987	1988	1989	1990	1991	1992	1993	1994	1995	1996
Anzahl	25	30	80	263	200	260	226	205	20	5
Jahr	1997	1998	1999	2000	2001	2002	2003	2004	2005	2006
Anzahl	45	30	14	–	–	65	10	–	–	––
Summe	1.478 Vögel, Jahresdurchschnitt 74 Vögel									

Tab. 7: Importe von Braunkopfpapageien in die BRD (Quelle: Jahresberichte des Bundesministeriums für Umwelt, Naturschutz und Reaktorsicherheit 1988f).

schen einen höheren „Stellenwert" bei den Züchtern einnehmen als noch vor 10 oder 15 Jahren, als vor allem Mohrenkopfpapageien weltweit zu den häufigsten Papageien im Handel zählten. Gewisse Anhaltspunkte für die Haltungshäufigkeit liefern die Zoobestände, die Zuchtbuchmeldungen und die Nachzuchtstatistik der AZ. In bundesdeutschen Zoos war der Braunkopfpapagei Mitte 2012 nicht vertreten (zootierliste.de, Zugriff am 26.7.2012), während im *Poicephalus*-Zuchtbuch der VZE Ende 2012 immerhin 53 Tiere verzeichnet waren. Die Statistik der AZ von 2004 bis 2011 verzeichnet insgesamt 12 Nachzuchtvögel von 10 Paaren.

Bisherige Bruterfolge in Menschenobhut

Die Zuchterfolge sind entsprechend der geringen Anzahl der Halter bescheiden. Die Erstzuchten gelangen 1977 bei Colett in England, 1983 bei Harris in den USA, 1985 bei Rode in Deutschland und 1987 bei Guy in Kanada (Wagener & Lantermann 1990). In der BRD werden derzeit höchstens 20 bis 25 Paare gehalten, von denen aber nur wenige regelmäßig Junge aufziehen. Zuchtberichte über die Art sind nach wie vor rar (Pfeffer 2003, Lantermann 2009a). In der AZ-Nachzuchtstatistik von 2004 bis 2011 war in den Jahren 2005, 2010 und 2011 kein Bruterfolg gelistet. In den übrigen Jahren wurden von 2, 3, 3, 1 und 1 Zuchtpaaren 5, 2, 2, 2 und 1 Jungvögel erbrütet, was einem Durchschnitt von 1,2 Jungvögeln pro Jahr und Paar entspricht. Diese Meldungen stammen von nur 10 bis 14 % aller Mitglieder. Die wirkliche Zahl der Jungvögel ist höher, da nicht alle Halter und Züchter Mitglieder der AZ oder anderer Vogelhaltervereinigungen sind. Insgesamt liegt die Reproduktionsrate der Art in Menschenobhut deutlich unter dem Wert für andere Langflügelpapageien.

Haltungserfahrungen der Verfasser

Im Jahr 2003 erwarb einer der Verfasser (JA) ein Paar Braunkopfpapageien-Nachzuchten; das Weibchen stammte aus einer Zuchtstation auf den Philippinen und das Männchen von einem deutschen Züchter. Das Paar wurde in einer separaten Unterkunft innerhalb der Zuchtanlage untergebracht. Als Futter bekam es täglich eine wenig fetthaltige Samenmischung sowie verschiedene Obst- und Gemüsesorten. Vor und während der Fortpflanzungszeit wurden zusätzlich Eifutter, Keimfutter sowie jahreszeitlich zur Verfügung stehende Grünpflanzen angeboten.

Tansania-Braunkopfpapageien

beim Partnerfüttern.

Die Braunkopfpapageien erhielten eine Naturstammnisthöhle mit einem Innendurchmesser von 20 cm und einer Höhe von 30 cm; das Schlupfloch hatte einen Durchmesser von 6 cm. Am 26.2.2004 konnte das erste Ei in der Bruthöhle festgestellt werden, und am 3.3. das dritte Ei. Insgesamt wurden drei Eier gelegt, jeweils in einem Legeabstand von drei Tagen. In jedem Fall günstig war, dass das Weibchen mit Beginn der täglichen Fütterungsarbeiten das Gelege

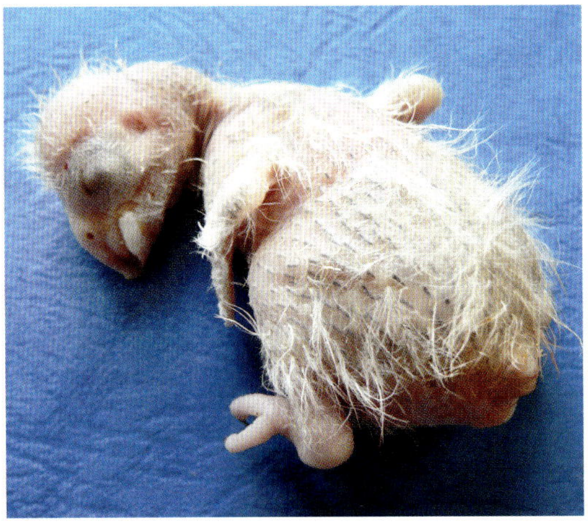

Ein Braunkopfpapageien-Nestling

im Alter von acht Tagen.

verließ. Diese nahmen insgesamt einen Zeitraum von 20 bis 30 Minuten in Anspruch. In dieser Zeit konnten Nisthöhlenkontrollen durch den Verfasser vorgenommen werden. Am 9.3. konnte bei einer Kontrolle die Befruchtung aller drei Eier festgestellt werden. Am 29.3. befanden sich drei wohlgenährte Junge in der Nisthöhle, die alle an diesem Tag geschlüpft waren. Wahrscheinlich hatte das Weibchen erst am 3.3. mit der Brut begonnen, nachdem das dritte Ei gelegt worden war. Die Brutzeit betrug demnach 26 Tage.

Nach dem Schlupf der Jungvögel fanden das Ei- und Keimfutter, aber auch die angebotenen Grünpflanzen durch die Eltern wesentlich mehr Beachtung. In der ersten Lebenswoche versorgte das Weibchen allein den Nachwuchs mit Nahrung. Während es den Nachwuchs huderte, hielt sich das Männchen tagsüber in der Außenvoliere auf. Nachts saß es auf der Sitzstange vor der Nisthöhle. Als die jungen Braunkopfpapageien zehn Tage alt waren, begab sich auch das Männchen in die Höhle. Im Alter von zwölf Tagen öffneten sich die Augen der Jungvögel, und zwei Tage später konnten sie mit einem geschlossenen Fußring (7,0 mm Durchmesser) gekennzeichnet werden.

Während der gesamten Aufzuchtphase konnten keine Bettellaute von den jungen Braunkopfpapageien wahrgenommen werden. Im Alter von 27 Tagen brachen die ersten Federkiele auf, und einige Tage später reagierten die jungen Braunkopfpapageien bei der täglichen Nisthöhlenkontrolle mit Knurrlauten. Hierbei nahmen sie eine Abwehrhaltung ein und versuchten einige Tage später bereits gezielt in die Hand des Verfassers (JA) zu beißen. Im Alter von 58 Tagen verließen zwei Junge die Bruthöhle und einen Tag später auch das dritte. In den darauf folgenden Nächten wurde die Nisthöhle hin und wieder von den Jungvögeln zum Schlafen aufgesucht. Zehn Tage nach dem Ausfliegen begann einer der jungen Braunkopfpapageien bereits, von einem Mangold-Stengel zu fressen. Völlig selbständig waren die Jungvögel etwa vier Wochen nach dem Ausfliegen.

Bei den Braunkopfpapageien des zweiten Verfassers (W. Lantermann) kam es 2003 im Dezember und 2004 im Januar zu unbefruchteten Gelegen, erst 2005 kam es zur Aufzucht eines Jungen bis zum 28. Lebenstag (Die Maße des unbefruchteten 2004-Geleges betrugen 27,5 × 22,4 mm und 27,4 × 22,7 mm, die von zwei Eiern des 2005-Geleges 26,4 × 21,6 mm und 26,7 × 23,3 mm). 2006 wurden zwei Junge nur 13 Tag alt, und erst die im Dezember 2007 geschlüpften Jungvögel wurden aufgezogen und flogen am 59. bzw. 60. Lebenstag aus. Wenig später, im April 2008, waren sie selbständig. Dieser Bruterfolg wiederholte sich 2009, dagegen wurden 2010 wiederum die Jungen nach wenigen Tagen tot im Nistkasten aufgefunden. Die Erfolge der Aufzuchten 2008 und 2009 werden darauf zurückgeführt, dass in diesen Jahren jeweils eine Wärmelampe vor dem Nistkasten positioniert wurde, die die Jungen in Schlechtwetterperioden vor Unterkühlung bewahrte. Von den Jungen des Jahres 2008, die sich nach der DNA-Bestimmung als Männchen und Weibchen erwiesen, begann sich das Männchen im Winter 2009/2010 aus ungeklärter Ursache im Halsbereich zu rupfen, was während des Sommers wieder weitgehend unterblieb (Lantermann 2009a).

Niam-Niam-Papagei
Poicephalus crassus (Sharpe 1884)

Gesamtlänge: 25 cm
Gewicht: unbekannt
Geschlechtsunterschiede: Männchen und Weibchen sind gleich gefärbt
Gelegegröße: 3 - 4 Eier (?)
Brutdauer: 27 Tage (?)
Nestlingszeit: um 90 Tage
Gesetzesstatus: WA II / B (keine Beringungspflicht, eine Beringung wird jedoch empfohlen; Meldepflicht und Herkunftsnachweis)

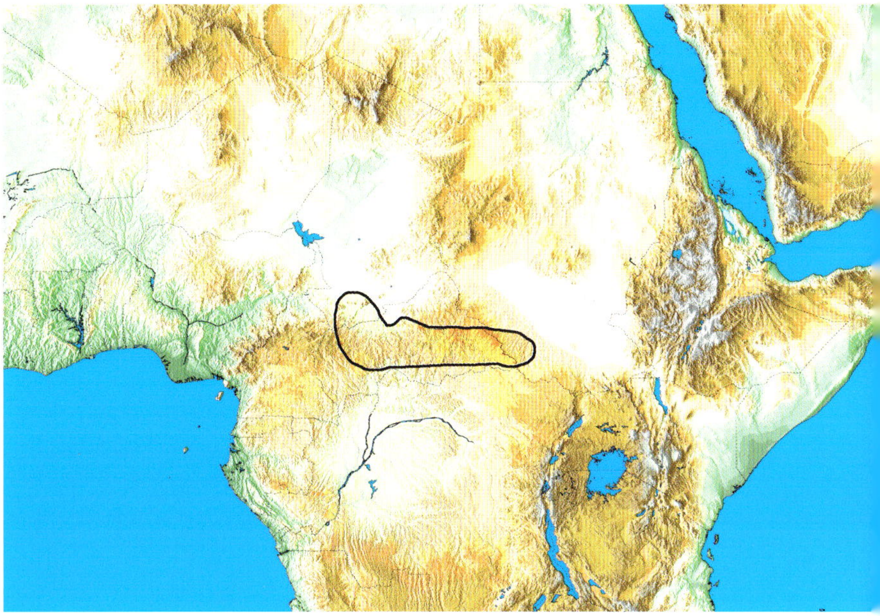

Niam-Niam-Papagei

Verbreitungskarte.

Beschreibung

Männchen und Weibchen sind gleich gefärbt. Der Niam-Niam-Papagei gleicht farblich weitgehend dem Braunkopfpapagei, allerdings ist er etwas größer, die Unterflügeldecken sind grün und die Ohrdecken silbergrau. Die braune Kopfzeichnung erstreckt sich bis auf die Oberbrust. Der Oberschnabel ist graubraun, der Unterschnabel gelblich bis hornfarben, die Iris rot.

Jungtiere sind bislang kaum beschrieben worden. Sie sind insgesamt etwas matter gefärbt als die Adulten. Die Unterseite soll etwas blasser und mehr gelblich sein, Scheitel und Nacken weisen olivgelbe Einsprenkelungen auf. Der Oberschnabel ist gelblich.

Systematik und Unterarten

Der Niam-Niam-Papagei wird innerhalb der Langflügelpapageien-Gattung zur *Poicephalus-meyeri*-Superspezies gerechnet, zu der weiterhin der Mohrenkopf-, der Goldbug-, der Rotbauch-, der Braunkopf- und der Rüppells Papagei gehören. – Von manchen Systematikern (z.B. Peters 1937, Clancey 1977) wird diese Form als Unterart des Braunkopfpapageien angesehen, allerdings gibt es diesem gegenüber merkliche Unterschiede in Gesamt- und Schnabelgröße, außerdem fehlt dem Niam-Niam-Papagei die gelbe Färbung an den Unterflügeldecken.

Verbreitung und Freileben

Die Art ist in Zentralafrika vom Südwesten des Tschad durch die Zentralafrikanische Republik bis zum westlichen Grenzgebiet der Demokratischen Republik Kongo und dem Südwesten des Sudans verbreitet. In Ost-Kamerun, wo die Art früher relativ häufig gewesen sein soll (Blancou 1939), kommt die Art heute offenbar nicht mehr vor (Hoppe & Welcke 2006).

Die Kenntnisse über das Freileben sind äußerst mager und gehen vor allem auf Beobachtungen von Blancou (1939) vor mehr als 70 Jahren zurück. Er beobachtete die Papageien in der Nähe von Bozoum, im Grenzgebiet zwischen der Zentralafrikanischen Republik und Kamerun. Dort bewohnten die Vögel bevorzugt bewaldete Savannen und Galeriewälder bis in Höhen von 1000 m. Seltener waren sie in dicht bewaldeten Waldflecken zu beobachten, wo sie offenbar auch ihre Übernachtungsplätze hatten. Die Vögel

gelten im Allgemeinen als sesshaft, allerdings finden Nahrungsflüge im Umkreis von etwa 40 km statt. Niam-Niam-Papageien wurden bisher nur paarweise oder in kleinen Gruppen beobachtet, die sich äußerst scheu verhielten und bei der geringsten Störung aufflogen. Ihre Nahrung besteht u.a. aus Samen, denn Kropf und Magen von mehreren gesammelten Exemplaren enthielten vorwiegend Hirse und die Samen von Gelbholzbäumen (*Podocarpus falcatus*). Wahrscheinlich ist, dass die Vögel jedoch ein wesentlich breiteres Nahrungsspektrum haben, nur sind Einzelheiten bislang unbekannt. Über Brutzeiten und Nistgewohnheiten ist bislang ebenfalls nichts bekannt. Vermutlich beginnt die Brutzeit aber mit Beginn der Regenzeit im August und September.

Status im Freiland und in Menschenobhut

In den vorliegenden Landes-Avifaunen wird der Status der Vögel in der Regel als selten eingestuft, so im Sudan (Cave & McDonald 1955), in der Grenzregion zwischen dem Sudan und der Demokratischen Republik Kongo (Pedersen 2000) und in der Zentralafrikanischen Republik (Carrol 1988). Fry et al. (1988) beschreiben die Art hingegen summarisch als gewöhnlich bis häufig. Darin folgt ihnen offenbar die IUCN und stuft die Vögel als „least concern" ein.

Im internationalen Vogelhandel spielte die Art nie eine größere Rolle (s. u.), wird aber vorsorglich im WA-Anhang II /B geführt und unterliegt damit (in Ländern, die noch Vögel exportieren) bestimmten Handelskontrollen.

In Menschenobhut war die Art bislang so gut wie nicht vertreten. 1978 wurden erstmals einige Vögel nach England eingeführt, die sich als überaus scheu und nervös erwiesen (Low 1988). Ein Import von 400 Exemplaren soll 1997 ebenfalls nach England gekommen sein (UNEP-WCMC 2001). Über den Verbleib der Tiere ist nichts bekannt, jedenfalls wurden keine Haltungsberichte veröffentlicht. Es ist nicht auszuschließen, dass über diese bekannten Importe hinaus weitere Niam-Niam-Papageien unerkannt als „Braunkopfpapageien" in den Handel gelangten.

links: Niam-Niam-Papagei (Poicephalus crassus) – Die Braunfärbung erstreckt sich bei dieser Art bis auf die Oberbrust; sie ist größer als der ähnlich aussehende Braunkopfpapagei.

Lebensraum der Niam-Niam-Papageien

im Chinko-Gebiet in der Zentralafrikanischen Republik.

Bisherige Bruterfolge in Menschenobhut

Über die (einzige) Zucht des Niam-Niam-Papageis im Jahr 1967 in Mosambik berichten Joao & Brickwell (1981). Für die überaus scheuen Vögel musste die gesamte Voliere mit Bananenblättern abgeschirmt werden. Das Weibchen legte vier Eier, aus denen nach einer Brutzeit von 27 Tagen drei Junge schlüpften. Mit 13 Wochen verließen diese den Nistkasten und waren kurze Zeit später selbständig. Ernährt wurden die Vögel mit Sonnenblumenkernen, Kanariensaat, Äpfeln, Orangen, gekochten Maiskolben, Bohnen, Erbsen, Kohl und einheimischen Wildkräutern, als zusätzliches Aufzuchtfutter wurde mit Wasser angerührtes Maismehl gereicht.

Rotbauchpapagei
Poicephalus rufiventris (Rüppell 1845)

Gesamtlänge: ca. 23 cm
Gewicht: 120 - 140 g
Geschlechtsunterschiede: Männchen und Weibchen sind unterschiedlich gefärbt
Gelegegröße: 3 - 4 Eier
Brutdauer: 26 - 28 Tage
Nestlingszeit: 60 - 70 Tage
Gesetzesstatus: WA II / B (Artenschutzring; Meldepflicht und Herkunftsnachweis)

Beschreibung

Adulte sind an Kopf, Oberseite und oberer Brust graubraun gefärbt, durchsetzt mit einzelnen rötlichen Federn im Wangen- und oberen Brustbereich. Der Bauch und die Unterflügeldecken sind orangerot, Schenkel und Steißgefieder blassgrün, der Unterrücken gelbgrün mit blauem Anflug. Der Schnabel ist grauschwarz, die Iris orangerot, die Füße sind grau. Bei Weibchen sind Kopf, Hals, Brust, Bauch und Unterflügeldecken graubraun, Brust und Bauch mit grünen Federsäumen, ansonsten ähneln sie den Männchen. Die Jungvögel gleichen nach dem Ausfliegen in der Färbung zunächst den Männchen, d. h. sie haben in beiden Geschlechtern eine orangerote Unterbrust- und Bauchfärbung, jedoch blasser als bei den adulten Tieren (siehe auch unter „Bisherige Bruterfolge in Menschenobhut").

Systematik und Unterarten

Der Rotbauchpapagei wird innerhalb der Langflügelpapageien-Gattung zur *Poicephalus-meyeri*-Superspezies gerechnet, zu der weiterhin der Mohrenkopf-, der Goldbug-, der Braunkopf-, der Niam-Niam- und der Rüppells Papagei gehören.

links: Rotbauchpapagei (Poicephalus rufiventris rufiventris) – Männchen.

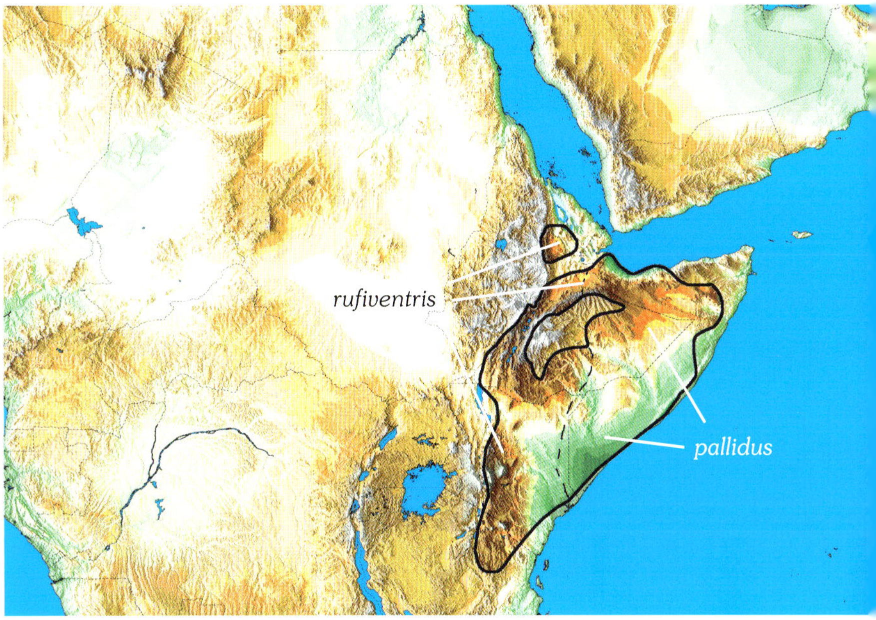

Rotbauchpapagei

Verbreitungskarte.

Die Unterartenaufteilung des Rotbauchpapageien ist nicht eindeutig. Zwar werden in allen einschlägigen Veröffentlichungen gewöhnlich zwei Unterarten unterschieden, ihre Färbungsunterschiede sind jedoch wenig markant: Die Nominatform hat gegenüber der Unterart *Poicephalus rufiventris pallidus* eine dunklere Kopf- und Unterbrustfärbung. Manche Autoren zweifeln die Aufspaltung in zwei Unterarten jedoch an und halten diese unterschiedliche Färbung für kein signifikantes Farbmerkmal, das eine Unterartendifferenzierung rechtfertigt.

1. *Poicephalus rufiventris rufiventris* (Rüppell 1845) – Rotbauchpapagei: Von Zentral-Äthiopien südwärts über Kenia bis Nordost-Tansania.
2. *Poicephalus rufiventris pallidus* van Someren 1922 – Somalia-Rotbauchpapagei: : Ost-Äthiopien südwärts bis Süd-Somalia. Kopf- und Unterbrustfärbung blasser als bei der Nominatform.

Es ist nicht bekannt, ob beide Unterarten, wenn man denn dieser Taxonomie folgt, seinerzeit als

Rotbauchpapagei

Rotbauchpapageien (Poicephalus rufiventris rufiventris) mit kräftiger Kopf- und Brustfärbung.

Somalia-Rotbauchpapagei (Poicephalus rufiventris pallidus) mit blasser Kopf- und Brustfärbung.

Importe nach Europa gelangt sind und ob beide Formen in Menschenobhut durch die Zucht vermischt wurden. In Züchteranzeigen wird jedenfalls in der Regel ein „Einheits"-Rotbauchpapagei angeboten.

Verbreitung und Freileben

Rotbauchpapageien haben ein recht großes Verbreitungsgebiet im Osten Afrikas – von Äthiopien im Norden südlich bis zum Norden Tanzanias (siehe Unterarten). Dort bewohnen sie heiße und trockene Dornbuschsavannen und lichtes Akazienbuschland in Höhenlagen zwischen 800 und 1400 m, in Äthiopien und Somalia örtlich auch bis 2000 m. Die Vögel meiden in der Regel dichtes Blattwerk, können dagegen aber recht häufig auf Ästen abgestorbener Bäume beobachtet werden. Dort, wo sie sich ihren Lebensraum mit Goldbugpapageien teilen (im Westen des Verbreitungsgebietes), leben sie bevorzugt in offenen Savannengebieten und meiden offene Wälder in Flussnähe. In Somalia unternehmen die Vögel zur Zeit der Feigenreife saisonale Wanderungen, die sie auch in höhere Lagen bis zu 2000 m führen, derweil ihre Vertikalverbreitung üblicherweise unter 1400 m über NN liegt. Als weitere Nahrungsbestandteile wurden Samen (vor allem Akaziensamen), verschiedene Arten Früchte (von *Balanites*-, *Cordia*- und *Dalbergia*-Bäumen) und in Anbaugebieten auch Mais registriert (Juniper & Parr 1998).

Paare oder Familiengruppen von drei bis vier Tieren bilden die übliche soziale Einheit, größere Gruppen sind selten zu beobachten, und wenn, dann an Wasserstellen oder in Gebieten mit reichlichem Nahrungsangebot. Der Tagesrhythmus ist der für Papageien der heißen Trockengebiete übliche: Die Vögel beginnen den Tag mit Gefiederpflege, starten dann zu den Wasserstellen und begeben sich danach paarweise oder in der Kleingruppe auf Nahrungssuche. Die heißen Mittagsstunden verbringen die Rotbauchpapageien anschließend dösend und ruhend im lichten Schatten der Savannenbäume. Eine zweite Aktivitätsspitze beginnt am Nachmittag mit erneuter Nahrungsaufnahme. Kurz vor Einbruch der Dunkelheit, die in den Tropen ja schon am frühen Abend hereinbricht, begeben sich die Vögel auf möglichst hoch gelegene Schlafplätze in ihren Übernachtungsbäumen.

Die Brutzeit beginnt in Tansania im März und verschiebt sich weiter nördlich in die Monate Januar bis Mai. Einzelheiten des Brutgeschehens aus dem Freiland sind jedoch kaum bekannt. Lediglich die Lage der Brutstätten wurde etwas genauer dokumentiert. So brüten Rotbauchpapageien entweder in 2 bis 3 m Höhe in den Bauten baum- oder bodenbewohnender Termiten oder in 10 bis 12 m Höhe in Höhlungen abgestorbener Bäume. In Somalia waren die Tiere in einer losen Brutkolonie in Baobab-Bäumen zu finden – mit Abständen von 100 bis 200 m zwischen zwei Paaren (Juniper & Parr 1998).

Im Freiland werden offenbar nur ein oder zwei Eier gelegt, deren Durchschnittsmaße bei Harrison & Holyoak (1970) mit 23,9 × 27,5 mm (n=5) angeben werden. Einzelheiten zur Eiablage, Brut und Jungenaufzucht sind aus dem Freiland nicht bekannt, dürften aber etwa dem Verhalten von Volierenvögeln gleichen. Detaillierte Freilandstudien an Rotbauchpapageien stehen derzeit aus.

Status im Freiland und in Menschenobhut

Im Freiland gilt der Rotbauchpapagei derzeit als nicht gefährdet (nach den Kriterien der IUCN: „least concern“), allerdings sind detaillierte Freilandstudien, die eine genauere Quantifizierung der Bestände erlauben würden, derzeit Mangelware oder mehrere Jahrzehnte alt (vgl. Fry, Keith & Urban 1988). Die Statusbestimmung wird noch dadurch erschwert, dass die Vögel – obwohl sie grundsätzlich als standorttreu gelten – zeitweise Wanderungen zur Nahrungssuche unternehmen und dadurch plötzlich in bestimmten Gegenden auftauchen und in anderen fehlen. Generell sind es Vögel der Inlandsgebiete, die die Küstenregionen meiden (Juniper & Parr 1998).

Orangerote Federn im Gefieder *sind bei den Rotbauchpapageien keine Seltenheit.*

In Menschenobhut war der Rotbauchpapagei bis in die 1990er Jahre recht selten. Legale Importe kamen nur vereinzelt zwischen 1993 und 2002 in die BRD (vgl. Tab. 8), so dass die Tiere zunächst ein hohes Preisniveau erreichten. Etwas größere Importe scheinen in andere europäische Länder gegangen zu sein und grenzübergreifend dann in kleineren Stückzahlen auch Deutschland erreicht zu haben. Alle Frischimporte erwiesen sich zunächst als schwierig in der Eingewöhnung und waren von relativ hohen Verlusten geprägt. Erstaunlicherweise hat sich aus diesen wenigen Ausgangsvögeln dennoch mittlerweile ein halbwegs stabiler Bestand mit regelmäßigen Zuchterfolgen etabliert. Die Zootierliste weist gegenwärtig allerdings nur zwei Zoos in Deutschland (und neun im übrigen EAZA-Raum) auf, die Rotbauchpapageien halten (zootierliste.de, Zugriff am 10.9.2012). Dagegen sind in der Nachzuchtsta-

Rotbauchpapageien-Weibchen

an der Bruthöhle; die Aufnahme entstand in Äthiopien.

tistik der AZ im Fünfjahreszeitraum 2007 bis 2011 immerhin zwischen 8 und 12 Zuchtpaare mit 22 bis 43 Jungtieren pro Jahr vertreten (AZ-Homepage, Zugriff am 10.9.2012). Demnach betrug der durchschnittliche Bruterfolg zwischen 2,2 und 3,5 Jungvögeln pro Paar und Jahr. Dem Vernehmen nach werden deutlich mehr Männchen geboren, so dass die Preise für weibliche Jungvögel derzeit recht hoch sind. Im *Poicephalus*-Zuchtbuch der VZE sind gegenwärtig (Ende 2012) 106 Vögel aufgelistet.

Bisherige Bruterfolge in Menschenobhut

Eine erste Einfuhr des Rotbauchpapageien nach Europa ist für das Jahr 1920 verzeichnet, im Londoner Zoo gehörte er 1927 zum Tierbestand. Erst 50 Jahre später, Ende der 1970er Jahre, waren dann weitere Einfuhren zu verzeichnen. Neben einigen privaten Liebhabern gehörte auch der heutige Weltvogelpark Walsrode zu den ersten Haltern dieser Papageien. Die Eingewöhnung der meist überaus scheuen und stressanfälligen Vögel bereitete einige Schwierigkeiten. Kleinere, vierseitig geschlossene Kistenkäfige erwiesen sich zunächst als recht günstig, um die Vögel zu beruhigen. In Volieren verhielten sie sich dagegen überaus wild und stürmisch, so dass es durch unkontrolliertes Anfliegen an Wände, Decke oder Volierengitter nicht allzu selten auch zu tödlichen Verletzungen kam. Hinzu kam die oft nur einseitige Ernährung bei den Fängern und Händlern, so dass auch eine allmähliche Futterumstellung der Tiere auf ein abwechslungsreiches Nahrungsgemisch aus Körnerfutter, Obst und Gemüse zeitaufwendig war (Robiller 1997). Auch ein ganzjährig zur Verfügung stehender Nistkasten, in den sich die Tiere bei „Gefahr“ zurückziehen können, kommt dem Sicherheitsbedürfnis der Tiere entgegen. – Nach erfolgreicher Eingewöhnung erweisen sich Rotbauchpapageien in der Regel als recht unempfindlich und robust, sie benötigen allerdings – wie alle Langflügelpapageien – ein mäßig erwärmtes Winterquartier (Hoppe & Welcke 2006).
Die erste Zucht des Rotbauchpapageien gelang in den 1970er Jahren bei João & Brickell (1981) in Mosambik, die nächste publizierte Zucht erfolgte 1979 bei O. Cochran in den USA, dann 1981 bei dem deutschen Züchter P. Rayer in Spanien, und die deutsche Erstzucht gelang 1982 bei A. Fergenbauer-Kimmel in Lohmar (Hoppe & Welcke 2006). Seither sind bei mehreren Züchtern im In- und Ausland Zuchterfolge zu verzeichnen. Manche Zuchten nehmen einen schwierigen Verlauf mit nur wenigen oder gar nicht aufgezogenen Jungvögeln, manche sind dagegen sogar recht produktiv zu nennen, wie beispielsweise die Zuchten bei Kracht Anfang der 1980er Jahre in Deutschland (de Grahl 1987) und im Loro Parque auf Teneriffa, wo von vier Paaren regelmäßig Nachzuchten erzielt werden (Reinschmidt 2009).

Als Durchschnittsbild des Brutverhaltens von Volierenvögeln ergibt sich etwa folgender Ablauf: Eingewöhnte Vögel scheinen in großzügigen Volieren weniger nervös zu sein als in kleinen Unterkünften und auch eher mit der Brut zu beginnen. Lange vor der eigentlichen Eiablage erfolgen bei den Tieren paarfestigende Verhaltensweisen wie das Partnerfüttern, und auch Kopulationen sind zeitlich nicht ausschließlich eng an die Eiablage gebunden. Die Brutzeit in Menschenobhut variiert: Es gibt Winterbrüter, die im November oder Dezember ihre Eier legen, es gibt aber auch Paare, die sich den mitteleuropäischen Klimaverhältnissen angepasst haben und im März/April mit der Eiablage beginnen. Zwei oder drei Eier sind die Regel, die etwa 26 bis 28 Tage allein vom Weibchen bebrütet werden. Manche Gelege umfassen sogar vier Eier, und einige veröffentlichten Brutzeiten liegen mit bis zu 31 Tagen deutlich über dem Durchschnitt. Die Jungensterblichkeit in der Nestlingszeit scheint recht hoch zu sein, die Ursachen reichen von ungeeignetem Aufzuchtfutter über Candida-Pilzinfektionen bis hin zu Quetschungen der Jungen durch ein übernervöses Weibchen (z.B. bei Nistkastenkontrollen). Bei erfolgreich verlaufender Nestlingszeit verlassen die Jungvögel zwischen dem 60. und 70. Lebenstag die Nisthöhle. Sie wiegen dann bis zu 140 g und damit deutlich mehr als die Altvögel im Durchschnitt. Dieser (bei Papageienjungvögeln übliche) Gewichtsüberschuss reduziert sich durch zunächst verminderte Nahrungsaufnahme und mehr Bewegung in den ersten Tagen nach dem Ausfliegen. Schnell beginnen die Jungen mit der selbständigen Nahrungsaufnahme, sind aber erst nach drei oder vier Wochen wirklich selbständig. Bis dahin werden sie immer noch von den Eltern gefüttert. Allerdings hat dabei oft das Männchen die tragende Rolle, während das Weibchen bereits mit einer Anschlussbrut beschäftigt ist. Nach einer Beobachtung von Fergenbauer-Kimmel (1983) duldete das Weibchen sogar einen bereits ausgeflogenen, aber noch nicht selbständigen Jungvogel zur Übernachtung in der Nisthöhle, obwohl es dort bereits ein neues Ei gelegt hatte.

Akazienbuschland

ist der Lebensraum für Rotbauchpapageien im Hochland von Äthiopien.

Jahr	1987	1988	1989	1990	1991	1992	1993	1994	1995	1996
Anzahl	–	–	–	–	–	–	2	10	8	7
Jahr	1997	1998	1999	2000	2001	2002	2003	2004	2005	2006
Anzahl	12	27	6	17	1	3	–	–	–	–
Summe	93 Vögel, Jahresdurchschnitt ca. 5 Vögel									

Tab. 8: Importe von Rotbauchpapageien in die BRD (Quelle: Jahresberichte des Bundesministeriums für Umwelt, Naturschutz und Reaktorsicherheit 1988 f).

Mittlerweile haben aber diverse Nachzuchten gezeigt, dass weder die intensiv gefärbten Jungvögel mit rötlichem Bauch unbedingt Männchen und die Tiere mit mehr graugrüner Bauchfärbung unbedingt Weibchen sein müssen. Hoppe & Welcke (2006, S. 92) formulieren deshalb folgende Schlussfolgerung: „Es gibt bisher keine generelle Regel, die aus der Färbung junger Rotbauchpapageien auf das Geschlecht schließen lässt“. Sicherheit schafft somit entweder ein frühzeitiger DNA-Test, oder man wartet bis zur ersten großen Mauser ab. Die Umfärbung in das Erwachsenengefieder beginnt bei den jungen Rotbauchpapageien im Alter von fünf bis sechs Monaten mit der Mauser des Stirngefieders und endet mit neun oder zehn Monaten mit der Umfärbung des Bauchgefieders (Fergenbauer-Kimmel 1985). Erst dann herrscht wirkliche Klarheit über die Geschlechter der Jungvögel.

Bei den Nachzuchten der Rotbauchpapageien *sind derzeit die Männchen in der Überzahl.*

Die Separierung des Jungvogels erfolgte erst kurz vor dem erwarteten Schlupf der Jungen des neuen Geleges.

Die Jungvögel verlassen die Nisthöhle in der Regel mit der Grundgefiederfärbung der Männchen, allerdings fast durchweg mit insgesamt hellerer und matterer Färbung. Die Stirn ist oft orange gefärbt, die Flügeldeckfedern sind grün gesäumt, die Unterflügeldecken orange. Daneben gibt es aber auch Jungvögel, die in der Färbung eher den Weibchen ähneln und eine mehr graugrüne Brustfärbung tragen. Früher glaubte man, die Geschlechter der Jungvögel aufgrund unterschiedlicher Färbung und Intensität bereits im Nest unterscheiden zu können.

Haltung und Zucht von Rotbauchpapageien

Der Geschlechtsdimorphismus bei dieser Art erleichtert die Paarzusammenstellung beträchtlich, obwohl auch bei den Rotbauchpapageien die Harmonie der Partner die wichtigste Rolle bei der Fortpflanzung spielt. Des Weiteren sollten diese Papageien als Paare separat untergebracht und auch nicht mit artfremden Vögeln vergesellschaftet werden. Im Alter von zwei bis drei Jahren scheinen die Rotbauchpapageien fortpflanzungsfähig zu sein.

Mitunter wird in Publikationen angegeben, dass die Vermehrung der Rotbauchpapageien schwierig sei und eine erfolgreiche Zucht häufig nur in Kistenkäfigen gelinge. Als Maße für derartige Käfige werden 180 x 80 x 200 cm (L x B x H) angegeben. In diesem Zusammenhang sollten unbedingt die gesetzlichen Vorschriften Beachtung finden und die Größe der Unterkunft in Deutschland wenigstens dem *Gutachten über Mindestanforderungen an die Haltung von Papageien* entsprechen (BMELV 1995). Eine

Einhaltung dieser Empfehlungen verhindert in den meisten Fällen bereits Auseinandersetzungen mit den Behörden. Als Nistmöglichkeiten sollten gerade den Rotbauchpapageien verschiedene Bruthöhlen angeboten werden. Naturstammnisthöhlen ähneln zwar am ehesten den Gegebenheiten in der Natur, normale senkrecht angebrachte Nistkästen oder auch die so genannten Ablaufkästen werden jedoch von einigen Paaren bevorzugt angenommen. Naturstammnisthöhlen sollten einen Innendurchmesser von ungefähr 25 cm besitzen und etwa 45 bis 50 cm hoch sein. Das Schlupfloch sollte einen Durchmesser von wenigstens 6 cm aufweisen.

Auch Rotbauchpapageien scheinen ihre Brutgewohnheiten in die europäischen Wintermonate zu verlegen. So wird des Öfteren von ersten Brutaktivitäten in den Monaten November bis Februar berichtet. In dieser Zeit sind dann mit etwas Glück Teile der eher unauffälligen Balz dieser Vögel oder auch Kopulationen zu beobachten. Das Weibchen hält sich in der Folgezeit immer häufiger in der ausgewählten Nisthöhle auf.

Die Gelegegröße variiert in Menschenobhut zwischen drei und vier Eiern. Allein das Weibchen übernimmt die Bebrütung des Geleges. Rotbauchpapageien sind dafür bekannt, bei Störungen sofort das Gelege bzw. die Jungvögel zu verlassen. Eine vorsichtige Vorgehensweise im Umgang mit den Vögeln sollte während der Fortpflanzungszeit die Regel sein. Als Inkubationszeit wird von den meisten Züchtern eine Zeitspanne von 26 bis 28 Tagen angegeben. Die Brut beginnt häufig nach der Ablage des zweiten Eies, so dass bei einem vollständig befruchteten Gelege die ersten beiden Jungvögel an einem Tag schlüpfen. Im Alter von ungefähr 14 Tagen beginnen sich die Augen der jungen Rotbauchpapageien zu öffnen. In den ersten Tagen nach dem Schlupf kümmert sich wahrscheinlich allein das Weibchen um den Nachwuchs. Manche Männchen begeben sich jedoch auch während der Brutzeit hin und wieder in die Bruthöhle und zeigen dieses Verhalten auch nach dem Schlupf ihrer Jungen. Nach einer Nestlingszeit von 55 bis 60 Tagen verlassen die Jungvögel die Nisthöhle und versuchen erstmals fliegend ihr Umfeld zu erkunden. Anfängliche Flugversuche enden zumeist auf dem Volierenboden. Ungefähr zwei bis drei Wochen nach dem Ausfliegen nehmen die jungen Rotbauchpapageien selbständig Nahrung zu sich. Obwohl die Eltern auch dann

Rotbauchpapageien-Weibchen

an der Nisthöhle.

noch von ihnen angebettelt werden, können die Jungvögel als selbständig bezeichnet werden. Nach dieser Zeit sollte der Nachwuchs nicht sofort von den Eltern getrennt werden. Immer wieder liefert das Leben in einem Familienverband dem Beobachter neue Erkenntnisse aus dem Verhaltensrepertoire von Papageien, die jeder Vogelzüchter so lange wie möglich für sich nutzen sollte. Spätestens wenn die Eltern den Jungvögeln gefährlich werden, muss der Nachwuchs aber von ihnen getrennt werden.

Mohrenkopfpapagei
Poicephalus senegalus (Linné 1766)

Gesamtlänge: um 23 cm
Gewicht: 120 - 180 g
Geschlechtsunterschiede: Männchen und Weibchen sind gleich gefärbt
Gelegegröße: 2 - 3 Eier
Brutdauer: 26 - 27 Tage
Nestlingszeit: 60 - 70 Tage
Gesetzesstatus: WA II / B (Artenschutzring; Meldepflicht und Herkunftsnachweis)

Beschreibung

Mohrenkopfpapageien sind in beiden Geschlechtern gleich gefärbt. Die Grundgefiederfärbung ist grün, zum Unterrücken hin blasser und mehr gelblich. Die Kopffärbung ist hellgrau, Zügel, Scheitel und Nacken sind dunkler grau. Die untere Brust und der Bauch sind gelb bis gelborange, die Unterflügel- und Unterschwanzdecken hellgelb. Der Schnabel ist grauschwarz, die Iris gelb, die Füße sind grau. Jungtiere sind in allen Farben matter, die Kopffärbung wirkt mehr bräunlich, die Iris ist graubraun.

Systematik und Unterarten

Der Mohrenkopfpapagei wird innerhalb der Langflügelpapageien-Gattung zur *Poicephalus-meyeri*-Superspezies gerechnet, zu der weiterhin der Goldbug-, der Rotbauch-, der Braunkopf-, der Niam-Niam- und der Rüppells Papagei gehören.

Die Unterartenaufteilung des Mohrenkopfpapageien ist relativ eindeutig. Drei Unterarten werden unterschieden, deren Färbungsunterschiede bei adulten Vögeln und im direkten Vergleich (z. B. bei Museumsbälgen) relativ gut zu erkennen sind. Probleme könnten bei der Unterscheidung junger Vögel der Unterarten *senegalus* und *mesotypus* auftreten. Hauptunterscheidungsmerkmal ist die Bauchfärbung, die bei der Nominatform (*senegalus*) gelb bis gelborange, bei *mesotypus* orange und bei *versteri* rotorange ist. Im *Handbook of the Birds of the World* (Bd. 4, 1997, S. 416) wird die Unterart *mesotypus* nicht anerkannt.

1. *Poicephalus senegalus senegalus* (Linné 1766) –Mohrenkopfpapagei: Senegal und Gambia bis Guinea einschließlich der Los-Inseln und Süd-Mali
2. *Poicephalus senegalus versteri* Finsch, 1863 – Finschs Mohrenkopfpapagei: Von der Elfengeinküste und Ghana östlich bis West-Nigeria. Unterscheidet sich durch die rotorangefarbene Bauchfärbung von der Nominatform.
3. *Poicephalus senegalus mesotypus* Reichenow 1910 – Reichenows Mohrenkopfpapagei:

links: Reichenows Mohrenkopfpapagei (Poicephalus senegalus mesotypus).

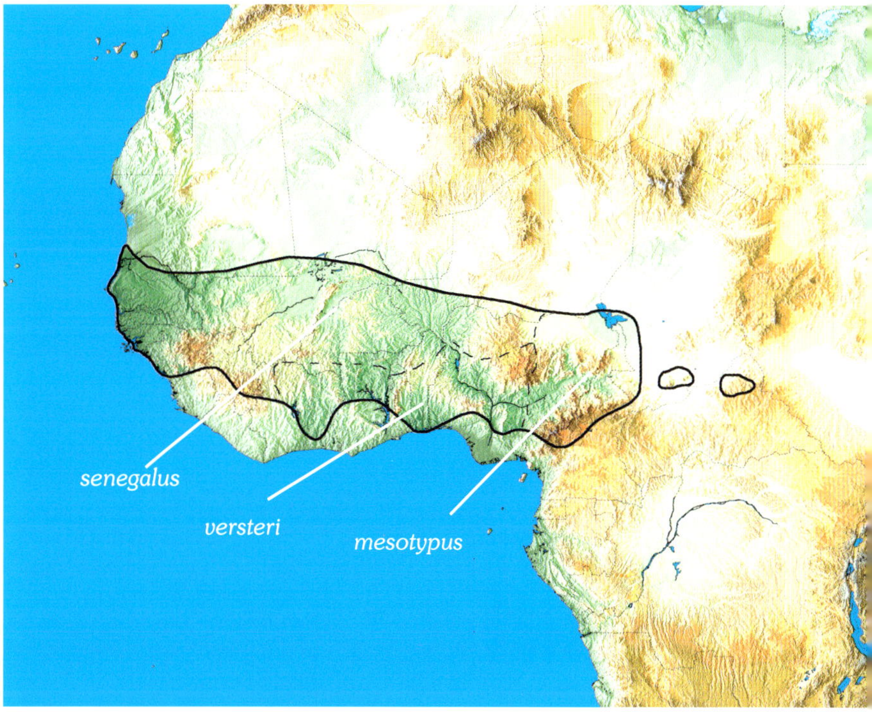

Mohrenkopfpapagei

Verbreitungskarte.

Mohrenkopfpapagei

Mohrenkopfpapagei (*Poicephalus senegalus senegalus*) mit gelber Bauchfärbung.

Mohrenkopfpapagei (*Poicephalus senegalus senegalus*) mit gelboranger Bauchfärbung.

Ost- und Nordost-Nigeria, Nord-Kamerun und Südwest-Tschad. Unterscheidet sich von *senegalus* durch die orangefarbene Bauchfärbung, die bei der Nominatform gelb bis orangegelb ist.

Als häufigste Unterart in Menschenobhut sind Vögel der Nominatform *P. s. senegalus* vertreten, deren Ursprünge noch auf die riesigen Importe in den 1980er Jahren zurückgehen dürften. Auch im Zuchtgeschehen nimmt diese Form daher den vordersten Platz ein, dagegen werden die beiden anderen Unterarten nur hin und wieder gezüchtet und angeboten. Auch dürften mittlerweile (unerkannte) Mischlinge von *senegalus* x *mesotypus* vorhanden sein, während die Unterart *versteri* verhältnismäßig gut von den beiden anderen zu unterscheiden ist.

Verbreitung und Freileben

Mohrenkopfpapageien sind in Zentralafrika weit verbreitet und kommen in einem breiten Streifen vom Senegal an der Westküste Afrikas über die Elfenbeinküste, Ghana, Burkina Faso, Togo und Benin östlich bis Nigeria, dem Südwesten des Tschad und Nord-Kamerun vor. Sie bewohnen überwiegend offener Geländeformen wie Baumsavannen, lichte Wälder und Farmland bis in Höhenlagen von etwa 1000 m. Bevorzugt werden Baum- und Strauchsavannen mit Baobabs (*Adansonia digitata*) und Johannisbrotbäumen (*Parkia filicoidea*) (Hutson & Bannermann 1931, Robiller 1997).

Mohrenkopfpapageien werden gewöhnlich einzeln, paarweise oder in Kleingruppen mit bis zu

Reichenows Mohrenkopfpapagei (Poicephalus senegalus mesotypus) mit orangem Bauch.

Finschs Mohrenkopfpapagei (Poicephalus senegalus versteri) mit rotoranger Bauchfärbung.

15 Vögeln angetroffen. In vielen Gebieten sind sie recht scheu und demzufolge schwierig zu beobachten. Sie fallen aber meist durch ihre schrillen Lautäußerungen und ihr raues Zwitschern bei der Nahrungssuche auf, erweisen sich aber in ihren Ruhephasen als recht still. Durch ihre oberseits grüne „Tarnfärbung" sind sie dann kaum im Blattwerk auszumachen. Sie gelten als Standvögel, die allerdings hier und dort – in Abhängigkeit von ergiebigen Nahrungsquellen – größere Nahrungsflüge unternehmen. Ihr Flug ist ausdauernd und kräftig und oftmals von grellen Schreien begleitet, die vermutlich der Verständigung unter Partnern bzw. der Kommunikation in der Gruppe dienen (Forshaw 1989, Robiller 1997).

Mohrenkopfpapageien sind frugivor und granivor, d.h. sie nehmen bevorzugt Früchte und Samen zu sich. Dazu zählen u.a. Früchte, Samen und Knospen von Baobabs, Johannisbrot-, Feigen- und Akazienbäumen. Gelegentliche Einfälle in Mais- und Getreideplantagen werden ebenfalls für die Art gemeldet (Forshaw 1989).

Die Brutzeit liegt in der Regel zwischen September und Dezember, gegen Ende der Regenzeit. Dann beziehen die Paare oftmals in Baobabs oder Johannisbrotbäumen Bruthöhlen, deren Zugang meist in großer Höhe liegt. Da umfängliche Freilandstudien an Mohrenkopfpapageien noch ausstehen, herrscht ein bemerkenswerter Mangel an exakten Daten zur Brutbiologie, so dass man für Details in der Regel auf die Daten aus Volierenbruten angewiesen ist. Demnach umfasst das Gelege wahrscheinlich zwei bis drei Eier, die knapp einen Monat lang bebrütet

Mohrenkopfpapageien

sind in großen Teilen ihres Verbreitungsgebietes noch häufig anzutreffen.

werden. Ein einzelnes Ei aus dem Freiland hatte die Maße von 26,4 × 29,4 mm (Fry, Keith & Urban 1988). Eier aus Volierenbruten (Dezember 2005) hatten die Maße von 21,9 × 26,2, 22,5 × 28,5 und 22,4 × 26,3 mm (Sammlung Lantermann, Nr. 227-229), die sich deutlich von den Maßen des Freilandeies unterscheiden. Besonders beim unteren Maß des Freiland-Eies könnte es sich um einen Übertragungsfehler handeln.

Status im Freiland und in Menschenobhut

Trotz des enormen Aderlasses, den die Mohrenkopfpapageien-Populationen seit Jahren durch den Tierhandel hinnehmen müssen, scheinen bislang im Freiland nirgendwo größere Bestandsrückgänge zu verzeichnen sein. Massenimporte in den 1980 und 1990er Jahren erreichten weltweit sechsstellige Stückzahlen. Dennoch sind größere Bestandseinbußen aus keinem Teil des Verbreitungsgebietes bekannt, und vielerorts gehört die Art dem Vernehmen nach sogar noch zu den häufigsten Papageienarten überhaupt. Allerdings liegen die meisten Freilandstudien zum Teil viele Jahre oder sogar Jahrzehnte zurück und zeichnen somit kein aktuelles und verlässliches Bild vom Vorkommen der Art. Auch nach den Informationen und Kriterien der IUCN gilt der Mohrenkopfpapagei derzeit nicht als bedroht und wird somit als „least concern" eingestuft.

Auch in Menschenobhut ist die Art noch überaus häufig und war viele Jahrzehnte als „Allerweltsvogel" überall im Handel zu bekommen. Zuchtbemühungen wurden wegen des geringen Preises der Importvögel kaum angestrebt. Heute – nach über fünfjähriger Importsperre (zumindest in der BRD) – geraten Mohrenkopfpapageien zunehmend in den Blick der Langflügelpapageienhalter, und selbst in den Zoos ist die Art recht häufig vertreten. Nach der aktuellen Zootierliste lebten im Juli 2012 immerhin in 48 deutschen Zoos und 43 Zoos aus dem übrigen EAZA-Raum Mohrenkopfpapageien (zootierliste.de, Zugriff am 28.7.2012). In Liebhaberhand dürfte die Art dagegen zu Tausenden vertreten sein. Viele Vögel leben allerdings als zahme Handaufzuchten in Wohnungshaltungen, die Elternaufzucht geht dagegen immer weiter zurück (s.u.). Der Hauptgrund für diese Entwicklung ist wahrscheinlich, dass die Jungtiere als Naturbruten oftmals recht scheu und zurückhaltend bleiben.

Bisherige Bruterfolge in Menschenobhut

Die erste Zucht des Mohrenkopfpapageis wird dem Dänen Petersen im Jahre 1956 zugeschrieben. Die Erstzucht in England gelang 1957 bei E. J. Boosey in der Keston Foreign Bird Farm, die Erstzucht in Schweden 1961 bei T. Brosset, in der ehemaligen DDR 1967 bei W. Ebert und in der BRD 1970 bei F. J. Weber (Robiller 1997). Seit den 1980er Jahren ist eine steigende Anzahl von gelungenden Zuchten mit nachfolgender Veräußerung der Jungvögel in den Anzeigenteilen der Fachzeitschriften zu verzeichnen. Heute werden Mohrenkopfpapageien regelmäßig gehalten und gezüchtet. Die letzterreichbare Statistik des *Poicephalus*-Zuchtbuchs der VZE von 2012 listet 408 Zuchttiere auf (darunter 166 Vögel der Nominatform), wobei auch hier wiederum gilt, dass bei Weitem nicht alle Halter ihre Tiere in diesen Datenpool gemeldet haben.

Einen kleinen Anhaltspunkt über das Zuchtgeschehen mit Mohrenkopfpapageien in der BRD vermittelt die Nachzuchtstatistik der AZ. Demnach wurden in den Jahren 2004 bis 2007 (ohne Differenzierung der Unterarten) von 65, 54, 61 und 59 Paaren 177, 145, 138 und 157 Jungtiere gemeldet, also wurden von etwa 60 Paaren durchschnittlich rund 155 Jungtiere erbrütet, was einem Aufzuchterfolg von knapp 2,6 Jungvögeln pro Paar und Jahr entspricht. Ab 2008 ging die Rate der gemeldeten Vögel zurück und erreichte 2010 mit 14 Paaren und 39 Jungvögeln einen bisherigen Tiefststand. Man darf bei der Interpretation der Daten aber nicht außer Acht lassen, dass diese Meldungen im Durchschnitt von nur 10 bis 14 % aller Mitglieder stammen und davon auszugehen ist, dass die wirkliche Zahl der Jungvögel weitaus höher liegt, zumal auch nicht alle Halter und Züchter Mitglieder der AZ oder anderer Vogelhaltervereinigungen sind. Gerade Mohrenkopfpapageien werden in privaten Wohnungshaltungen in respektabler Anzahl (hand-)aufgezogen und tauchen in keiner Statistik auf. Unabhängig von aller Zahlenspielerei bleibt festzuhalten: Mohrenkopfpapageien sind – neben Graupapageien – die am häufigsten gezüchteten afrikanischen Papageien und beinahe ganzjährig von Züchtern zu bekommen. Allerdings steigen die Preise gegenüber den Vorjahren bereits deutlich.

Haltungserfahrungen der Verfasser

Mohrenkopfpapageien bildeten Anfang der 1990er Jahr bevorzugte Forschungs„objekte" eines der Verfasser (WL), wobei Verhaltensbeobachtungen an einer Volierengruppe im Vordergrund standen (Lantermann 1995a, 1997, 1998a). Ein haltungsrelevantes Ergebnis der damaligen Beobachtungen war, dass sich innerhalb einer sechsköpfigen Volierengruppe eine Rangordnung ausprägte, die die sozialen Beziehungen der Vögel untereinander reglementierte. Balz- und Brutverhalten waren nur bei dem dominanten Paar in nennenswertem Maße zu registrieren, allerdings ohne dass es letztlich zur erfolgreichen Jungenaufzucht kam (vgl. Lantermann 1998a) – Seit 1999 wird nur noch ein Paar der Nominatform gehalten, das Weibchen kam damals aus langjähriger Einzelhaltung (vom Vorbesitzer seit 1991 gehalten), das Männchen aus einem westfälischen Vogelpark (Importvogel von 1992) in die Anlage. Beide Tiere harmonierten von Anfang an sehr gut miteinander, und das Paar schritt erstmals 2002 zur Brut, brütete zuverlässig, zog allerdings seine drei Jungen nicht auf (vgl. Lantermann 2003c). Das ist bis heute – nach insgesamt 28 gelegten Eiern und 18 geschlüpften Jungtieren – so geblieben. Die Tiere legen alljährlich zwischen November und Februar (einmal ein Nachgelege im März) ihre zwei oder drei Eier, die sie ebenso zuverlässig bebrüten, aber vom Schlupf an nicht füttern. Da der Verfasser die Handaufzucht aus mehreren Gründen

Lebensraum der Mohrenkopfpapageien

im Tanbi Wetland Complex, Gambia.

Die drei Jungen wurden mit der Hand aufgezogen.

ablehnt (vgl. Lantermann 1995b), verliefen alle Folgebruten bis zum Winter 2009 ebenfalls erfolglos (vgl. Tabelle 9). Das Paar befindet sich im 13. Jahr und bei bester Kondition, die Vögel sind aufgrund ihrer Herkunftsbescheinigungen heute (2012) mindestens 19 und 20 Jahre alt.

Um wenigstens Basisdaten zur Jungenaufzucht und -entwicklung von Mohrenkopfpapageien zu erhalten, wurden dann 2009 erst- und letztmals die drei am 27., 28. und 30. 12. 2009 geschlüpften Jungen zur Handaufzucht aus dem Nistkasten entnommen und bis zur Selbständigkeit aufgezogen. Während der gesamten Zeit wurde dazu mit gutem Erfolg das Aufzuchtfutter „Tropican - Baby Hand-feeding Formula" von der Firma Hagen verwendet. Über die Gewichtsentwicklung der drei von Hand aufgezogenen Jungvögel gibt die Tabelle 10 Auskunft.

Das Schlupfgewicht lag bei allen drei Tieren um 5 g, die Verdoppelung des Gewichtes erfolgte um den 6. Tag, die Verdreifachung um den 9. Tag, die Vervierfachung um den 12. Lebenstag. Um den 13. Tag begannen sich die Augen zu öffnen, am 33. Tag waren erste Knurrlaute bei Annäherung zu hören. Ein erstes Strecken der Flügel und Flügelschlagen wurde am 41. Tag beobachtet, erste Putzbewegung um den 45. Tag (kamen aber wahrscheinlich schon früher vor). Am 48. Lebenstag wurden die Jungen in einen normalen Holznistkasten umgesiedelt, am nächsten Tag erschienen sie schon am Schlupfloch, am 52. Tag kletterte der erste Jungvogel heraus und saß

Jahr	Legebeginn	Gelegegröße	Schlupf	Brutzeit	Bemerkungen
2002	20.12.	3 Eier	16., 18.1.03	26 Tage	nicht aufgezogen
2003	19.12	2 Eier	-	-	nicht geschlüpft
2004	05.02	2 Eier	4., 6.3	26 Tage	nicht aufgezogen
2005	03.02	2 Eier	-	-	nicht geschlüpft
	21.3	3 Eier	17., 18., 19.04.	26 Tage	nicht aufgezogen
	26.12.	3 Eier	-	-	nicht geschlüpft
2006	26.02.	2 Eier	-	-	nicht geschlüpft
2007	keine Aufzeichnungen				
2008	26.12.	3 Eier	gleichz. 20.01.	24 Tage	nicht aufgezogen
2009	25.11	3 Eier	27., 28., 30.12.	31 Tage (!)	Handaufzucht
2010	28.01.	2 Eier	25., 27.02.	27 Tage	nicht aufgezogen
2011	01.12.	3 Eier	27./29. 12.	25 Tage	nicht aufgezogen

Tab. 9: Eiablagen bei einem Paar Mohrenkopfpapageien zwischen den Jahren 2003 und 2011 in der Anlage eines Verfassers (WL); die Brutzeit wurde berechnet ab Ablage des zweiten Eies.

Datum (Aufzuchttag)		Nr. 1	Nr. 2	Nr. 3
27.12.09	(Tag 1)	4,8		
28.12.09	(Tag 2)	5,6	5,0	
29.12.09	(Tag 3)	6,3	6,0	
30.12.09	(Tag 4)	7,3	6,6	4,7
31.12.09	(Tag 5)	8,4	7,0	5,3
05.01.10	(Tag 10)	14,9	12,3	9,2
10.01.10	(Tag 15)	25,7	20,3	15,3
15.01.10	(Tag 20)	37,0	29,9	22,6
20.01.10	(Tag 25)	53,8	43,0	32,0
25.01,10	(Tag 30)	75,8	60,8	45,1
30.01.10	(Tag 35)	100	85	59
04.02.10	(Tag 40)	123	107	87
09.02.10	(Tag 45)	136	126	115
14.02.10	(Tag 50)	135	132	136
19.02.10	(Tag 55)	139	138	149
24.02.10	(Tag 60)	141	135	153
01.03.10	(Tag 65)	132	131	151
06.03.10	(Tag 70)	121	118	133

Tab. 10: Gewichtsentwicklung dreier handaufgezogener Mohrenkopfpapageien in Gramm, ab dem 5. Lebenstag im 5-Tagesrhythmus (Winter/ Frühjahr 2010); ab dem 30.01.2010 wurde beim Wiegen von einer Löffel- auf eine Digitalwaage umgestellt.

Mutationsformen

wie dieser zimtfarbene Mohrenkopfpapagei sind noch äußerst selten.

auf dem Nistkastendach. Ab dem 58. Tag zeigten die Jungtiere schon Flügelschwirren, erste kleine Flüge wurden ab dem 64. Tag registriert. Um den 60. Tag erreichten die Tiere ihr Maximalgewicht bis 153 g (Nr. 3), nach dem „Ausfliegen" pendelte sich das Gewicht bei 124 und 126 g (Weibchen) und 138 g (Männchen) ein. Nach kurzer Zeit flogen die Tiere oft und zielgerichtet. Die langsame Nahrungsumstellung ab dem 65. Tag vom Aufzuchtbrei zur Obst- und Körnernahrung war wenig problematisch und dauerte etwa 10 Tage. – Durch die gemeinschaftliche Aufzucht der drei Jungtiere mit wenig Menschenkontakt konnten vermutlich größere Sozialisationsschäden vermieden werden. Ob die jungen Mohrenkopfpapageien aber später in der Lage sein werden, sich adäquat mit Artgenossen zu verpaaren, wird die Zukunft zeigen. Es gibt für die Zucht mit handaufgezogenen Papageien sowohl negative als auch positive Beispiele.

Bei elternaufgezogenen Mohrenkopfpapageien dauert die Nestlingszeit in der Regel durchschnittlich etwas länger, es wurden Nestlingszeiten bis zu 77 Tagen registriert. Etwa zwei Wochen nach dem Ausfliegen sind die Jungen futterfest und benötigen nun mindestens zwei Jahre bis zur Geschlechtsreife. Oftmals schreiten Mohrenkopfpapageien auch erst mit drei Jahren zur Brut (Robiller 1997).

Sonstiges

Auch beim Mohrenkopfpapagei sind aufgrund des großen Bestandes in Menschenobhut bereits Mutationsformen wie z.B. zimtfarbene Exemplare aufgetreten, auf die hier aber nicht eingegangen werden soll (siehe hierzu auch das Kapitel „Ausblick").